藍學堂

學習 · 奇趣 · 輕鬆讀

CEO 魅力教練
解析領導者的 35 個形象策略題

魅力領導學

CHARISMATIC
LEADERSHIP

陳麗卿

著

魅力為王的時代來了

郭奕伶

商周集團執行長

以權力服人，得到的是臣服；

以實力服人，得到的是信任；

以魅力服人，贏得的是追隨。

這是我很喜歡的一段話，也是商周 CEO 學院開辦【魅力領導學】課程的緣起。

採訪工作讓我接觸許多國內外領導者，儘管他們的背景、個性、經歷各異，但在我眼中，他們的領導力就分成上述三個層次。

最原始、傳統的，就是以權力（Authority）服人者，他們靠威脅利誘讓人們聽話辦事；簡單說，就是靠棍子與紅蘿蔔帶人。

這通常見於老企業、傳統製造業或東方企業的威權強人領導者。這種領導方式短期具有高執行力，但當棍子、紅蘿蔔一消失，眾人一哄而散，無法長久。

進階一點的，則是以實力或能力（Power）服人者，因為本身帶著戰功坐大位，以專業取勝，因此不必靠組織賦予的威權就得以服眾，這在專業至上的國際級企業常見。但當產業典範轉移，實力消失，組織也就衰敗。

但有一類人卻能談笑用兵，領導於無形；眾人不是因恐懼或巴望而聽話，他也不一定是專業出身，卻能讓人自願終身跟隨，這種我稱之為「魅力」（Charisma）領導。

魅力領導者靠著他個人的願景、理念或情懷，就吸引人跟隨，他能讓人們熱情奉獻，影響力不因時空而衰減，最顯著的例子是宗教領導者、革命家。

我看到的是，在這個大變動時代，領導風格也正典範轉移：從指揮到協調、從命令到對話、從中央集權到權力下放、從獨斷決策到團體決策、從事情導向到關係導向……。這將是一個「蠻力 out，魅力 in」的時代。

尤其當 Z 世代成為職場的主力構成，權力、能力都還不足以讓他們全身心埋單，想激發他們的熱情、創新，還得加上獨一無二的個人魅力，才能有效激活他們。

問題來了，如何形塑一個領導者的魅力？很大的誤解是，這與外在無關，只需要隱於內的學識、知識與見識。

但根據「黃金形象定律」，別人對你的觀感僅有 7％是來自講話內容，38％是來自於表達方式或溝通技巧，而高達 55％竟然來自對你外觀的判斷，包含外表穿著、肢體動作等非語言訊息。

非語言訊息，這門從小到大都沒有出現在我們教科書上的學問，可說是現代領導者最缺的技巧。《商業周刊》特別邀請 CEO 魅力教練陳麗卿，在本書中完整揭示這門最實用的學問，讓你的外在完整翻譯你的內在，形成一個內外合一、魅力無斷點的領導者。

1 分到 10 分，你會給自己的魅力打幾分

許益謙
台北市廣告代理商業同業公會榮譽理事長
台灣廣告名人堂／台灣著名收藏雜家

我輕輕啜飲一口 Mortlach 21 年單一麥芽威士忌，透過 Baccarat 水晶杯眯視著端坐豎立在辦公室玄關的白色大狗狗，腦海中浮現起多年前在台北和這位享譽全球藝術家奈良美智（Yoshitomo Nara）相會的畫面。正在發愣的當下，「好奇殺死一隻貓」幾個同事以為天下又有新鮮事湊著過來，聊起這位創作者。A 同事興奮分享最近在關渡美術館欣賞到奈良特別為台灣策劃的大展，限量參觀名額很有虛榮感。B 同事則暢談他在疫前訪問位於日本青森縣大師美術館的驚豔和感動。C 同事則說他非常幸福，哪裡都沒去每天就可以在辦公室和大師一起工作。這一刻時間暫時停止，沒有人談論客戶，也沒有細分階級和職務、工作和業績，藝術的美彼此吸引交融著。當下我看到每一雙晶亮的眼神，個個充滿了魅力，互相吸引，是一群有魅力的團隊。

魅力？維基百科：指一些人的個人特徵，好像有磁力，是一種吸引力。每一個人都想成為一個有魅力的人。閉起眼睛想想誰是有魅力的人？賈伯斯、梅克爾、史恩康納萊、畢卡索或是蔣勳、林懷民。這些渾身充滿魅力的人總能喚起他人心中的熱情，讓人只要與他們談話幾分鐘就感到力量。再一次閉起眼睛想想，從 1 分到 10 分，你給自己的魅力打幾分？

上焉者見賢思齊，依樣畫葫蘆來個東施效顰。想起 Prada 設計師（Miuccia Prada）說過：「服裝是一件快速表達的語言」，拿服裝來撐腰，企圖從外在去展現成功有型，於是賈伯斯上身，高領恤衫搭配 鬆牛仔褲，腳踏休閒潮鞋，橫空出世行走江湖。下焉者如我是，魅力沒有天生成，自怨自艾視魅力為畏途。誤信專業是萬能，專業產生能力，能力帶來權力，權力決定影響力。只是午夜夢迴竟然心虛反饋，忍不住會去奢想魅力，而苦無出處不知所以。眾裡尋他千百度，近讀 Perfect Image 管理學院創辦人陳麗卿老師的近作，以理論和實戰相互印證，聽君一席話茅塞頓開，猶如在黑暗隧道中看到盡頭的光。

原來魅力不是天生的，也不是憑空而生的，緩解我長久以來的大惑。美國前總統夫人蜜雪兒‧歐巴馬就是魅力是學來的最好印證，為此書寫下最好的註腳，也開啟我們的學習之門。這個啟動我姑且稱之為信念或者叫信仰（Belief）。魅力起於內而形成外。在你決定要擁有魅力的那一刻，就已經開啟魅力的修行。這讓我想到蘇東坡那句名言：腹有詩書氣自華。如果你現在還不夠有魅力，那是你尚未掌握的魅力展現在外的方法。天生我才必有用，每一個人天生都有魅力的「本錢」，但不是每一個人都了解魅力的「本事」。唯有學習展現魅力的技術，才有辦法將你的魅力發揮於外。如何學習魅力的「本事」，是這本書的核心思想，它揭示魅力的組成要素。魅力不只是感性的，更是理性的科學，我們才能掌握破解它的方程式。

根據知名語言溝通專家亞伯特‧馬布藍（Albert Mebraian）教授所提出的「7／38／55 黃金定律」，在人與人互動的整體表現上，別人對你

的觀感僅有 7% 來自講話內容，38% 來自表達方式或溝通技巧（如語氣，語調，用詞，音量，邏輯等）但高達 55% 來自對你外觀的判斷，包括外表穿著與手勢，眼神，肢體動作等。我嘗試問了我的同事魅力為何物？他一臉茫然回我「大哉問？」我終於在書上找到答案。這個研究推翻我們過去的認知。我們過去從小學到大學的專業學習或是進入職場掙來的真功夫的硬實力，這些都是魅力的本錢，留給人的印象只占 7%。然而「非語言訊息」這個考試從來不會考，商場競爭也多半不會浮上檯面的卻占了印象分數 93%。作者大膽指出這個時代人的耐性愈少，注意力已然成為世界上最珍稀資源。短時間抓住眼球、抓住耳朵讓對方為你停下腳步，關鍵在於魅力。魅力不是選擇，而是一種責任。魅力是真正的影響力，往往比你想像更要巨大許多。少了它將限縮人才發揮，自我超越的可能性。理論必須透過行動才能實踐，書中就集結上千場企業訓練，協助超過兩萬人形塑個人魅力豐富淬鍊精華。以學員常見 Q&A 方式解答情境，製表羅列如何從衣著策略／肢體語言／表達方式展現風範魅力。按照檢核表操作，立刻就能為個人及企業打造有別以往的形象。

　　「一點訣，世界通」，作者苦心孤詣，學覽中西旁徵博引。棍子與胡蘿蔔恩威并施，救世濟人躍然文字之間，我覺得整本書就是魅力二個字。魅力不是天生的，魅力不只是 KPI、SOP，魅力不只是 Skill 而是 Style。魅力不只是人人追求的能力，是一種超能力。個人修練，企業經營應該列於案頭，置於座右。按表操課，時時精進。我眼觀鼻，鼻觀心，一心一意掩卷讚嘆，了然於心。輕闔此書，我伸手凌空抓去，竟然握住滿滿的魅力。

魅力領導帶來管理的改變

李森斌

王品集團副董事長

與陳老師相識已超過近 15 年，當時是在我所在的公司王品集團所辦的內部高階主管演講場合（中常會演講），聆聽她對我們身為高階主管所要具備的外部形象（形於外、審於內）的修為，來與我們分享。

更有幸此次透過《商業周刊》所辦的經理人的【魅力領導學】，讓我見到陳老師在這個領域的專業及成熟。她不僅是把她畢生所學、所做，在她的行為上及她的事業上予以「實踐」及「實現」，更擴大在社會上的影響，甚至讓所有受她所影響的人，擴散影響他人，且「魅力」影響至深。

對所謂的「魅力」，並非只是外表的「美麗」、「帥氣」，更是內心所散發出的自然行為及自身修為；而在領導上，更是「專注」、「取捨」、「實踐」及「同理心」的展現。

「斷、捨、離」是一種「策略選擇」的表現，並非只是個人生活方式的選擇，這一樣會表現在「事業、策略發展」。

陳麗卿老師帶給我們的已不是外表的行為舉止的調整，更是我們在策略發展及領導統御上的改變！她的新書值得細細品味，這是一種「品質及品嘗」的練習。我已被老師深深影響著，相信「品味」這本書的故事，必會對擁有這本書的朋友，有不同改變及幫助。

發現自己的魅力新航線

如果說我們每一個人都是一艘風帆，當輕舟行過，總會在平靜的水面上劃出淺淺漣漪；那麼領導者就如同戰艦，乘風破浪而來，激起波瀾萬丈，讓周遭的人事物都與之共振。

領導者的魅力，是魅力的極致；

領導者的影響力，是影響力的極致；

也因此，領導者的修練，是修練的極致。

謝謝商周的邀請，讓我能著手將這幾年來的心願付諸實行，也就是寫作這本書。多年來，我持續為企業領導者們進行培訓，而我自己很珍視，也十分鍾愛每一次上課培訓的機會，因為這群學員們各個都是風浪中歸來的戰艦，足跡遍及全球，體會過人情冷暖，見識過繁花勝景，也目睹過潮起潮落。身經百戰的他們，艙底壓著滿滿的閱歷與實戰經驗，如果能夠有機會做系統化的整理歸納，這些閱歷與經驗將化為生命中滋潤的養分，與領導上豐盛的效能。面對這樣的學員，我總是懷抱「得天下英才而教之」的喜悅之情，因為練達的他們只需要輕輕點撥就能融會貫通；而在課程中

與他們相互碰撞激盪所綻放出的火花，也讓我充分感受到「教學相長」的深刻意義。

魅力，不是外加的能力，而是內在的潛質

「為什麼要來學魅力？」當我在課程中拋出這個問題，常聽到的回答是：因為覺得自己缺乏魅力。對他們而言，之所以來上課，是為了「獲取」一個自己此時此刻缺乏的能力。然而在課程中他們發現，原來魅力不是外加的能力，而是內在的潛質；魅力不是用賦予的，而是用激發的；不是用獲取的，而是用展現的。

原來，

魅力是一種天然，

魅力是一種天賦，

魅力已經潛藏在你的靈魂深處，

你需要的只是一把啟動它的鑰匙。

許多人在課程結束後盈滿感動，感動的原因不是學會了魅力，而是因為看見自己內在更深層的力量，並在學習駕馭力量的方法之後，有了將它全然展現出來的勇氣──就如同大航海時代的冒險家們在掌握航海技術後，得以揚帆出海，開拓新航線、遇見新大陸一樣──而此處的新航線通往的不是遠方，而是直達自己內心，最終發現「自己」這塊新大陸的航線。

魅力，不只是為了成事，更是為了成就人

也常有學員來上課時抱著很務實的期待，希望習得魅力的統御之術後，就能呼風喚雨、運籌帷幄。然而，隨著對魅力更深入的理解，他們逐漸明白：原來學習魅力最大的目的，不是為了展現魅力，而是為了展現自己的天賦。而領導者展現天賦，不僅是為了讓企業運作得更加順暢，更是為了能夠協助更多的人，讓他們也能夠去展現自己的天賦。

學習魅力，你將不只能成事，更能夠成就他人。

魅力，是永遠的進行式

或許你認為，魅力的學習是從「不會」到「會」的進程，而在終於「學會」之後，就大功告成。不過，你會慢慢瞭解到，魅力並非一步到位之後就此駐足。而是在一步到位之後，隨著不同的人生際遇與挑戰，繼續調整船舵、校正方向，並繼續邁出第二步、第三步……魅力的學習，就是如此不斷自我超越、自我修練的過程。我常在課程中與學員們分享：不到極致不罷休，到了極致不停留，修練魅力，即是如此。魅力，是永遠的進行式。每一次的魅力巔峰，都是下一次躍升的起點，而只要有人的地方，就用得上魅力，亦能成為魅力的操練場；只要你願意練、開始練，就將如順風滿帆，破萬里浪。

無論此時此刻的你，是風帆或是戰艦，我願此書成為你航行時的羅盤。也願當你闔上書頁，航行至海洋的中央，諦聽萬籟俱寂，仰望滿天星斗時，你可以坦然地說：我，已經成為了最好的自己。

Contents

269 ｜第4章｜人脈連結：領導者是萬人迷

1

營運管理
領導者是大家長

「示範即領導。」— 阿爾伯特・史懷哲（Albert Schweitzer）

領導者的魅力重要嗎？
如果天生就沒有魅力怎麼辦？

你覺得自己是一個有魅力的人嗎？

一分到十分，你會給自己的魅力打幾分？

當我們談到魅力，你心中會浮現誰的身影？這個人是名人／政治人物／明星／網紅？或是企業家／你的同業／同事／競爭者？還是你的朋友／家人呢？

讓我們一起思考，為什麼他們在你心中是魅力的代名詞？

或許是因為當你看到他們的時候，總是難以將注意力從他們身上移開，即使分開之後，其影像／聲音還是縈繞在你的心頭；也可能是因為他們口中的話語你總是禁不住同意，並心甘情願地遵從、執行。他們的舉止行為對我們產生潛移默化的影響力，而他們的信念與願景也成為我們觀察仿效的標竿。

如果你希望自己像他們一樣有魅力，我想，不會是因為「想要有魅力」而想要有魅力，而是因為你隱約（或是強烈）地感覺到了——當一個有魅

力的人，還真是不錯！有魅力的人工作繁忙的程度或許不比我們少，物質生活也不見得比較優裕，然而他們無論做什麼，似乎總是能成功得不費力、卓越得輕鬆自然，讓你不由自主地心生嚮往。看起來，人有了魅力，人生就會瞬間變得輕省許多！魅力，似乎等同於成功與幸福的保證，看著魅力人士不僅影響力超群，並且總是處於一種泰然的狀態中，我們實在很想知道，他們是如何辦到的？

擁有魅力，會發生什麼事？

讓我們先回想一下：你周遭有沒有這樣的人存在？有沒有這樣的事發生？

在公開場合裡，當某人一現身，大家就不由自主地注意到他，甚至撥開重重人群也要過來與他交流。

在公司會議中，大家正在為一件事爭論不休時，當他平靜地開口道出自己的想法，那一瞬間，喧鬧的會議室頓時安靜了下來，因為大家都想洗耳恭聽，甚至當其他人在發言時，所有人最在意的也不是發言者，而是他的反應。

提案時，你暗自祈禱不要與他同台競爭，因為當彼此提案的客觀條件不相上下時，就連身為對手的你，都認為他會勝出。甚至有的時候，明明你的客觀條件比他好，但客戶還是選擇了他，因為大家實在是無法對他說「No」。

在實力與努力都差不多的情況下，他經常輕輕鬆鬆就坐上業績冠軍寶座。不知怎地，客戶就是喜歡他，無法拒絕他的推薦介紹，即使本來只想

買一點，最後卻買了更多，並且不只自己買，還會拉著親朋好友一起買。還不只於此，即使於公司內部，他總能毫不費力地把自己的想法推銷出去，小至哪個產品好、哪家餐廳棒，大至公司決策、發展方向，總之，只要是他的決定，就很容易變成是大家的決定。

身為員工，老闆照顧他，前輩提攜他，同事支持他，公司給他表現與升遷的機會；犯錯時，容易被原諒；建功時，功績會被擴大。

身為客戶，他被當成大人物般被尊敬，服務人員不會怠慢他，總是盡力為他達成心願，並覺得能夠為他效勞是自己的榮幸。

身為朋友、家人，大家都喜歡與他相處，因為和他在一起是如此輕鬆自在，充滿歡笑，你也很納悶，為何僅在短短幾句話中，他就能重新點燃人心中的熱情，讓人充滿力量。

身為領導者，好人才爭相進入他的團隊，因能與他共事為榮，而他也成為團隊目標的引領者，以及成員們人生的榜樣與導師；並且不只是公司內的員工樂意追隨他、支持他，願意為他訂定的目標衝鋒陷陣，甚至整個業界，都樂見他的成功，願意為他的使命與理想盡一己之力。

這些人，這些事，這些場景，如此的輕鬆、迷人、令人嚮往，隱藏在其中的祕密，就在於「魅力」。

天下無難事，只怕「有魅力」的人。而若一個人價值觀正直良善，又有著豐厚實力，如果還能夠進一步地擁有魅力，幾乎就能所向披靡、如虎添翼。魅力，就是這麼一種能使人「心想事成」的能力，有魅力的人，經常在說出自己心中的期待之前，他人就已經自動自發、心甘情願地完成他

心中的目標了，領導至此境界，夫復何求？這也印證了，**魅力，不僅是無聲的領導，更是最輕鬆的領導！**

缺乏魅力，會發生什麼事？

然而，了解與魅力同行者的日子是什麼樣之後，也讓我們回想一下：你周遭，是否也有這樣的人、這樣的情景？

在公司會議中，他儘管有想法，卻需要見縫插針才能發言，且發言時容易被打斷、被轉移話題，以致於難以完整表達。

提案時在台上缺乏存在感，儘管他使出了渾身解數，台下的人仍逕自聊天、放空、看手機，你雖想保有禮貌地專注在他身上，卻發現很困難。

想說服人時，他常常碰壁，儘管誠意地介紹好產品，客人卻經常回應「我回去考慮看看」之後就一去不復返。

無論在職場或是生活，他似乎遇不到貴人，凡事只能靠自己胼手胝足、獨自打拼。

身為員工，雖然工作十分努力，建下汗馬功勞，付出與奉獻卻被視為理所當然，一旦犯錯就被揪出來檢討，就算有好的升遷機會也輪不到他。

身為客戶，他得到的服務僅是基礎水準，稍有要求就容易被認為是在找麻煩、是「奧客」。

身為朋友、家人，他的熱心叮嚀被當成嘮叨碎念；真心關懷被當成越界干預；別人有好事不會找他，有壞事就第一個把他推出去。

身為領導者，布達命令被當成耳邊風；誠心給的建議不見效；精心擘畫的目標無法達成；自己熱血沸騰，團隊卻覺得事不關己；招募不到好人

才，即使招募到了，對手只要出高一點的薪酬，人才就會拂袖而去；縱使表面上帶領千軍萬馬，卻無法真的指揮若定，而常覺得力不從心。

或許，此時你的心中已浮現了幾張臉孔、幾段回憶，也或許，某一個情景使你想起了自己。無論此時此刻你的成就如何，在成長的過程中，我們多多少少都會經歷過類似的狀況，有人已然扭轉局面，也有人尚在找尋為自己平反的方法。其實，如果你的實力已然具足，態度也未偏離正軌，卻有這樣的狀況發生，那只不過是因為你尚未展現自己的「魅力」罷了。

魅力不是天生的，也不是憑空而生的

許多人認為魅力是天生的，有就有，沒有就沒有，除非重新投胎轉世，否則無法強求。然而事實並非如此：**魅力不但不是天生的，更不是憑空而生的！**

每一個人天生都有魅力的「本錢」，但不是每一個人都了解展現魅力的「本事」。唯有學習展現魅力的技術，才有辦法將你的魅力本錢全然發揮於外。至於要如何學習展現魅力的「本事」？首先，我們需要了解魅力的組成要素。根據知名非語言溝通專家亞伯特・馬布藍（Albert Mebratian）教授所提出的「7／38／55」黃金形象定律，在人與人互動的整體表現上，別人對你的觀感僅有7％是來自講話內容；38％是來自於表達方式或溝通技巧（如語氣、語調、用詞、音量、邏輯等）；但卻高達55％是來自對你外觀的判斷，包含外表穿著與手勢、眼神、肢體動作等。

這項研究結果完全推翻我們過去的認知——無論是我們從小到大、在

學校十幾年的專業學習，或是在職場上掙來的真功夫與硬實力，甚至是我們為了上台簡報精心準備的扎實內容，竟然都只是魅力的本錢，留給別人的印象只占了7%。然而「非語言訊息」這個考試從來不會考、商場競爭時多半不會浮上檯面、上台簡報前也很少被想到的概念，卻占了印象分數的93%！

而當每個人的「7%」都差不多的時候，決定誰能勝出的關鍵，就在於誰有辦法運用形象管理技術，將內在的7%「翻譯」為外在的93%，讓人們對你的實力與想傳達的內容，能看得懂、聽得進、感受得到。換句話說，**只要能夠掌握魅力的本事，就等於比別人多出93%的勝算！**

魅力不是選擇，而是責任

是的，魅力的本事不是憑空杜撰的原創，而是忠於原著的「翻譯」。這也意味著其最終目標在於「忠實呈現」，也就是說，若是內在沒有的內容，外在是無法憑空創造出來的。

過去我們或許會覺得，這份將內在翻譯於外在的本事，是「軟實力」而非「硬實力」。然而，我要大膽推翻這個說法，因為在資訊氾濫的現代，人的耐心愈來愈少，「注意力」已然成為世界上最稀缺的資源。而要在短時間內抓住眼球、抓住耳朵，讓對方為你停住腳步，願意深入了解，其關鍵就在於魅力！

所以，如果你是一個內在有料的人，更要透過外在讓內在被看到，千萬不要讓外在辜負了內在。**擁有魅力對一般人來說或許是一種選擇，但對於領導者來說，卻是一種責任。**因為領導者不只要為自己負責，肩膀上更

背負了整家公司的命運，扛著數十、數百甚至成千上萬人（以及他們的家庭）的生計。換句話說，當一位領導者擁有魅力，其影響力往往比想像中的還要大上許多，而當一位領導者缺乏魅力，他耽誤的也不只是他自己，而是同時延宕了企業的成長發展，以及無數人才發揮所長、自我超越的可能性！

魅力，協助你更能全然發揮自己的天賦，讓能力轉化為效能，進而完成使命、幫助更多人。魅力造成的效應是如此巨大，難道不能稱得上是領導者必備的「硬實力」嗎？

追求魅力，等於追求俊美姣好的外表？

然而，難道一個人只要長相好看、能說會道、舉止優雅，就鐵定比較有魅力嗎？那可不一定。外表俊美、辯才無礙與翩翩風度，就像一本封面漂亮的書，雖然會吸引讀者翻閱，但未必保證能深入人心。**真正的魅力並不是極致的美，是適時、適地、適人、適願景，恰到好處的美。**有些時候，策略性地讓長相普通一點、說話憨慢一點、舉止不拘小節一點，反倒能讓你更有魅力，更有機會順利達成目標。

例如美國前總統柯林頓（Bill Clinton）就是很有代表性的例子。在其競選期間，民調顯示，雖然柯林頓的女性選民支持度高，但光憑女性選票並無法贏得總統大位。他的團隊心裡有數：要入主白宮，柯林頓不能不爭取「保守穩重男士」的選票。

當時，柯林頓在電視上接受採訪時儘管談的是很認真嚴肅的話題，大家還是認為一頭金髮的他看起來像個玩世不恭的政客，而非沉穩智慧的總

統候選人。後來，他在團隊建議下將髮色改為「灰白」——在一頭花白的頭髮輝映下，談起政治洞見，可信度就比之前高了很多，而當他談到與一般大眾相同的刻苦成長經歷時，也成功地讓大眾產生「柯林頓也是一路奮鬥上來才有今天」的共鳴。

又如英國前首相柴契爾夫人（Margaret Thatcher），原本的聲音偏高，並且一激動起來，說話就會快如連珠炮且顯得尖銳。當上首相後，她也接受專家的建議，刻意降低音頻、放慢速度，以展現權威感、信賴度與領袖魅力。

柯林頓難道不知道金色頭髮比較帥、比較年輕嗎？高亢的聲音本來就是柴契爾夫人的特色，為什麼不能堅持保有原樣？為什麼他們寧可捨棄自己外表的優點，願意犧牲個人習慣的模式？

因為，身為領導者，他們心中有更大的目標，並且以更高的角度看見：此時此刻的自己和目標之間，正被一道「玻璃天花板」阻隔開來。這道玻璃天花板之所以存在，並非因為自己能力不足，而是因為身上的某項習慣、樣貌，讓自己無法突破玻璃天花板。然而面對此情況，他們沒有因此放棄，而是試著調整習慣——修改形象、換一種說話方式——進而達成目標。也就是說，領導者的內在（7%）並未改變，僅僅是調整了展現於外的方式（93%），就能創造意想不到的改變。

至於要如何啟動這樣的改變？答案就是：學！

魅力，是學來的

美國前總統夫人蜜雪兒・歐巴馬（Michelle Obama），就是「魅力是學來的」的最好印證。剛成為第一夫人時，她的造型其實是有點土氣的，而面對自己的穿著突然成為全國注目的焦點，蜜雪兒實在是非常不習慣。不過，她很快就接受了這個事實——無論自己穿什麼，都注定會成為話題——她決定正視自己在形象品味的不足，並想辦法解決它！後來，隨著她逐漸建立起自己的形象班底，並讓這群優秀的專家為她找到了適合的形象策略之後，她的魅力開始蛻變。

大眾對服裝的關注原本是她的致命傷，然而面對威脅她並未屈服，而是透過形象技術，將劣勢扭轉成優勢。有一次她上訪談節目，穿了一件美國平價品牌的針織毛衣配裙子，後來那件毛衣被搶購一空，她意識到自己的影響力如此巨大，便開始運用自己的影響力，刻意地選用美國新銳設計師的作品，讓美國的時尚品味被世界看見。

蜜雪兒的魅力不只是衣服的改變，在談吐、風範上，我相信她也做了長足的努力。上網搜尋歐巴馬夫婦覲見英國女王的照片，就會發現 2009 年那個第一次踏進白金漢宮，不小心逾越皇室規則給女王一個擁抱的女子 ❶，不消數年工夫已然改頭換面，成為落落大方、談笑風生的一國之母了。

❶　掃描 QRcode 看新聞影片

她蛻變的過程深刻證明了：**魅力，真的不是一出生就成定局，而是能夠藉由後天的學習，將內在的魅力潛質全然綻放出來。**

　　此外，魅力的學習還有三個特色：

- **魅力起於內，形於外。**在你決定要擁有魅力的那一刻，早就已經開始了魅力的修行，如果你現在看起來還不夠有魅力，那只是因為你尚未掌握將魅力展現於外的方法，並不代表你沒有魅力。

- **魅力的進步不容易，退步不可能。**學習魅力就像學騎腳踏車、學游泳，或許一開始需要刻意練習，但是一旦你的頭腦與身體已經習慣展現魅力的方式，它就將成為呼吸般的反射動作，從此與你如影隨形。

- **魅力的操練隨時隨地都可以進行。**只要你心中開啟了練習的意識，就會發現到處都是實地演練的機會，不論是工作或者是生活，只要有人的地方，每天、每小時、每分鐘、每秒都可以練習，練習了、純熟了，魅力就會與你的細胞共融共合，成為身體的一部分。

　　魅力，早已潛藏在你的體內，需要你的允許，讓它發生、任其展現，其後的影響力，將隨之而生！讓我們一起讓魅力，成為你骨子裡散發出來的驚嘆號！

魅力不只有一種樣子

　　很多人（特別是個性內向者）會以為，唯有長袖善舞、在人群中耀眼奪目，才能算得上「有魅力」，因此覺得自己似乎與魅力絕緣，或是認為要有魅力，就必須戴上面具、違背自己的本性。然而事實上，魅力這件事並不是「有」或「沒有」的問題，而是「有多少」、「由什麼成分組成」的問題！是的，魅力不是單一「元素」，而是由多種元素，以不同的比例組合而成的「化合物」。

　　例如，我們常會覺得一位既權威又溫暖的人很有魅力；認為一位允文允武，不僅思考睿智，在社交場合又閃閃發亮的人非常迷人；或是對才高八斗，又擁有寬闊胸襟的人產生景仰之心。這些人雖然都很有魅力，但每一個人的魅力各有巧妙不同，就是因為其魅力不是一個模子打造出來，而是由各種魅力元素以不同比例組合而成。組成魅力的「魅力元素」有很多，然而在長年為 CEO 們進行魅力培訓時，我發現領導者們最不可或缺的魅力元素有八種，以下一一為你介紹：

權威型魅力：引領團隊、實現目標

　　擁有權威型魅力的人，像個指揮官，總是很有主見，不怕帶頭衝。雖然他有時候蠻兇的，也不太有耐心，但他卻是一個團體中最不可或缺的角色，當議題懸而未決時，他勇於成為那個拍板定案、擔起責任的人，讓大家得以迅速付諸行動；而緊急時刻來臨的時候，他更是會立刻跳出來指揮，讓眾人不至於群龍無首，而事情也總是會確實地被完成。

交際型魅力：與生俱來的外交官

擁有交際型魅力的人，善於快速創造人際連結，所謂的「八面玲瓏」，形容的就是富交際型魅力的人。他們一點也不怕生，十分樂意認識每一個人、逗樂每一個人，這也是為什麼每個團隊中都需要一位富交際型魅力的人：有了他，乏味的工作會變得有趣，人與人之間也能瞬間拉近距離。有此特質的人通常很擅長種種需要陌生開發、應酬交際的任務，例如銷售業務、品牌大使、媒體公關、國際事務等崗位，都需要仰賴他。

遠見型魅力：深思熟慮、高瞻遠矚

擁有遠見型魅力的人，是個思考者。當別人還在討論明天要做什麼，他們想的往往是三年後、五年後，他的腦中天生就有風險管理的概念，凡事都會先做好最壞打算，並且，他們也很習慣理性思考，遇到事情總是能夠迅速分析、歸納、推導、辯證，如同呼吸一樣自然。也因為如此，如果你周遭有這麼一兩位富有遠見型魅力的人，無論遇到什麼疑難，只要請教他就對了。

藝術型魅力：苛求完美的職人精神

如果遠見型魅力的思考是「將一個點計畫到極致」，藝術型魅力的思考就是「將一個點打磨到極致」。他們有著所謂的「藝術家性格」，對於自己有興趣的事物精益求精、苛求完美。他們不畏懼挑戰，只要這個挑戰能幫助他們登峰造

極，他們對自己可是一點也不仁慈，在做出滿意的成果之前，他是不會放過自己的！

激勵型魅力：幫助他人發揮潛能

擁有激勵型魅力的人，最大的目標就是看到他人的成長，並且參與其中。當一位領導者擁有激勵型魅力時，他將不再只是主管，而能成為「導師」（Mentor），當你遇到挫折、失去動力，需要被肯定、被鼓勵時，他們通常能夠很快地看見你具體遇到的問題，讀取你內在的情緒，並提供適度的引導——不論是工作上的指點，或是人生上的建言。

連結型魅力：善解人意、體貼入微

擁有連結型魅力的人，總是能讓你感受到體貼、體諒與溫暖。一位富連結型魅力的領導者是個性情中人，擅長換位思考，且有著無限的溫柔與耐心，他們真心在意別人的想法與感受，甚至勝過了自己的想法與感受。因此他的員工常會覺得自己身在「幸福企業」，而與之相處更是十分舒心的體驗，也因為如此，他們的人緣通常都很好。

使命型魅力：雖千萬人，吾往矣

「淡泊以明志，寧靜而致遠」，這就是使命型魅力的側寫！擁有使命型魅力的人，是個理想家。他篤信自己的價值觀（儘管不一定是對的），談起此信念時眼中總是閃閃發光，讓人不知不覺跟著熱血沸騰。使命型魅力者遇到事情，總是

能以使命為指北針，以更高的角度、更大的格局來俯瞰之。對他而言，世俗的名譽、金錢都不是最重要的，只要能夠完成使命，就算必須披荊斬棘，他也一點都不畏懼。

寬宏型魅力：海納百川，故能成其大

擁有寬宏型魅力的人心胸寬大有彈性，有著十足的耐心與極高的接受度，能給予別人足夠的信任與空間，任其探索發揮，即便面對意見對立的人，他也能體諒對方，知道對方會這麼做必定有其理由；也因此寬宏型魅力高的領導者，往往能夠廣納人才。

你會發現，這八種魅力元素都有一個共通點：都能為人帶來快樂，或是助人逃離痛苦。畢竟人們普遍認為，能為自己帶來快樂、逃離痛苦的人，就是有魅力的人，而當這八種魅力元素發展成熟圓滿時，確實能為人際關係和組織帶來不少好處！

最後，無論你認為自己身上最明顯的魅力是哪一種，我都得告訴你：其實這八種魅力你每一項都有，只是強弱的差別而已。而在展現學習魅力的歷程中，「弄清楚自己的魅力元素組成」是第一步，接下來則是結合現階段的願景目標，進而找出需要的魅力調整策略：

· 自己有沒有哪一項魅力需要加強？哪一項魅力需要收斂？
· 自己哪一項魅力補足不來，而應該找其他有此魅力的人來補足？

- 面對不同魅力類型的人，要運用什麼魅力元素才有辦法引領或說服他們？
- 因應不同的場合，我需要運用哪一種魅力元素，才能達成我的目標？

　　在我的領導者魅力課程中，學員紛紛肯定：了解自己的魅力類型組成後，就更能怡然自處，並且能因不同的目標願景，適度地調配不同的魅力比重；了解團隊中各別成員的魅力元素組成之後，就更能知人善任，將人才放在對的位置上；而在進一步了解團隊整體的魅力元素組成後，未來招募新血、組織調整時，也更精準順利。如果你有興趣了解，不妨一試！

領導者的穿著
和一般人需要不同嗎？

Q₂

你認為領導者看待工作的視野與思維，跟一般員工相同嗎？

如果你的答案是否定的，請繼續思考：

看待工作如此，那麼，看待外表呢？

　　既然這是一本談形象的書，或許你已經猜到我的論點——領導者看待自己形象的方式，當然要與一般員工不同。然而，具體的不同處到底有哪些？在討論之前，讓我們先一起以公司的架構來看看不同層級的員工視野與思維會有哪些實質上的差異。

　　在一家企業中，最基層的「小螺絲釘」型員工看見的、在乎的通常是與自己手上的工作直接相關的事情，他或許是個盡忠職守的分工者，但還不一定是個合作者。如果某一位基層員工不僅能獨立作業，也能同時看到其他人的工作狀況，進而產生團隊合作效應，此員工往往就能脫穎而出，被拔擢成為管理者；在成為管理者後，若他不只能把自己的部門經營好，也能依據其他部門的工作狀況來調配資源，產生團隊綜效，那他就很有機

會繼續晉升成為更高階的管理者。

我們可以這樣理解：愈高層的管理者，其思考與視線需要涵蓋的範圍愈廣，不再只是看單一成員、單一部門的運作，而是需要審視不同成員之間、不同部門之間、不同分公司之間，甚至不同企業、不同產業……之間的協作關係。

企業的運作模式如此，領導者的形象又何嘗不是呢？如果說基層員工的形象，通常只需要考慮他自己看起來是否專業得宜，那麼我們或許可以這麼說：當一位領導者的位階愈高，他在審視自己的形象時，需要考慮的範圍就會愈大──除了考慮自己的喜好或舒適與否，更要看到自己的形象與企業加起來的整體效應，看到自己的一舉一動、一言一行，是如何影響員工的行為，進而一點一滴地形塑出企業文化。

是的，**企業文化不是用頒布的，而是形塑出來的。而你，就是形塑企業文化的關鍵角色。**

啟動「導演」的思維模式

請把自己視為一個「自導自演」的電影工作者，而你的企業，就是你正在拍攝的這部電影。**之所以強調自導自演，是因為你需要同時扮演身處其中的演員，以及置身事外的導演──你需要入戲，與其他人產生真實的互動，才能成為這部電影中的一部分；但同時也必須保持適度的出戲，才能隨時以客觀的角度看到這場戲到底發生了什麼事。**

你需要清楚地看見：身為導演，你心中期待的是什麼「局」？目前的局勢是你想要的嗎？你得用導演的身分，看到自己身為演員時，在其中扮

演了什麼角色？你的表演如何影響了別人與你對戲的方式？你與其他人之間的化學反應如何？而身為演員，你的表演所共振出的效應，是否服膺身為導演的你心中期待的方向？

在自導自演的過程中，你得兼顧演員與導演的角色，時時保持平衡——如果表演得過於投入，往往容易迷失；如果只專注於導演的角度而過於抽離，則無法演得到位，達成心中的目標。

「導演」的思維模式對領導者而言至關重要，從此刻起，我想請你在心中騰出一個小空間，用來放置這個「導演」的概念，因為在這本書中，「導演」概念將不時地出現，當你對自己的形象產生疑問的時候，只要能夠「以導演的角度」來自我審視，答案往往就於焉浮現。

梅克爾的衣著色彩策略

德國總理梅克爾（Angela Merkel），就是「以導演的角度來思考形象」很好的例子。一切的起源來自於她對領導的清楚願景，與對自己客觀且充分的了解。

在投身政治之前，梅克爾從事的是科學研究工作。身為新教牧師女兒，從小在東德長大，成長過程中幾乎沒什麼機會接受到時尚薰陶，本身對穿著打扮也興趣缺缺，讓她自然而然就成為了時尚絕緣體。然而，當她決定要從政時，她心知肚明：要成為領導者，要帶領人民一起完成使命，若對外表毫不在意是行不通的，她必須讓自己看起來無庸置疑就是個領導者，並且是稱頭、有氣勢、有魅力的領導者！

在「時尚絕緣體」與「魅力四射的領導者」這兩個看似相反的角色之間，梅克爾找出了平衡之道——用科學的方法，讓穿著回歸簡單。有趣的是，她的作法還真有如科學實驗：只留下「色彩」做為「操作變因」（實驗中由人員操作變化，以影響實驗結果的項目）；至於款式、風格、搭配等其他要素則是「控制變因」（實驗中保持不變的項目），綜觀其多年來的形象皆不出短髮、項鍊、套裝外套、長褲、低跟鞋。

梅克爾之所以選擇「色彩」做為唯一顯而易見的變數，我想是因為色彩所能造成的心理效應不僅直接且顯著，同時也是最容易操作，是即使對時尚毫無概念也能輕鬆上手的元素（如果你和梅克爾一樣屬於「時尚絕緣體」，這個方法可能很適合你）。而梅克爾（或她的形象團隊）對色彩心理學策略也是駕輕就熟，在新聞媒體中，不難找到她善用色彩傳遞訊息的範例，例如想創造「共識」的氛圍時，梅克爾常穿綠色；而需要激勵的時候，則會運用粉紅、橘色、黃色來帶出樂觀、活力、開放、希望的訊息；至於談判場合，你是看不到梅克爾穿紅色的——因為紅色雖然象徵熱情，但也容易挑起敵意！

從梅克爾的形象策略中可以看出，她是一個極目標導向也很識大體的人。她知道外表並非自己的強項，但她並未放任外表成為自己的弱點——畢竟，她的弱點，就是德國的弱點，德國人民或許不會要求總理豔冠群芳，但恐怕也無法忍受總理的外表成為眾矢之的。因此，她很有自知之明地選擇了自己的能力可以操作、個性可以接受的方式，打從一開始就排除了「漂亮時尚」與「多樣化」這兩個因素，而寧願選擇保守且簡單的方式，務求將外表可能「出錯」的機會降到最低。從這個角度來看，梅克爾在形

象上的風險管理還做得真完美！

據傳，梅克爾從擔任民主覺醒黨黨魁時期就有一份內部文件，是幕僚與媒體溝通時的形象準則，其中詳細載明當梅克爾現身公開場合時的形象配合事項：諸如講台上不放鮮花，好讓梅克爾的臉不會被遮住，並且看起來更知性；背後一律不設置國旗，務求看起來平實、沒有派頭；不與任何企業商標同框，以免有失中立；拍攝時鏡頭不能低於其雙眼，以免顯得驕傲自大；不能拍攝她吃東西的樣子，也不能從背面拍攝……這些規範都是為了強化梅克爾想傳遞出的親民、樸實（而非驕傲、大國元首）的形象，也大幅降低其照片被有心人士拿來做文章的可能性。

領導者對形象的妥協與讓步

讀到這裡，你或許也發現了：領導者的形象和一般人最大的不同點，就在於「小不忍則亂大謀」。為了目標和使命，領導者願意在形象上做出必要的妥協與讓步——這份妥協與讓步，可能是本來不注重外在打扮的人，為了符合領導者的身分而需要開始注重打扮（一如梅克爾所做的）；也可能是本來很有自我特色的人，為了要像團隊領導者，而將自己原本的個人特色做了適度的修飾。例如 Twitter 的創辦人傑克・多西（Jack Dorsay）本來是個穿著時髦、戴鼻環的時尚人士，然而當他接下 CEO 一職後，鼻環就悄悄地從臉上消失了，直到近幾年，他在業界已經成為家喻戶曉的大人物，這才讓鼻環「重出江湖」。

身為領導者的你，願意為了完成企業目標、個人使命，做出多大程度的妥協與讓步呢？要讓你的妥協，妥協得有價值、有成效，具體又要怎麼

做？針對領導者的穿著策略，接下來的篇幅我們會一起鑽研。然而在繼續往下談之前，我想先提供三個忠告：

一、形象需要團隊共舞，而非巨星獨秀

如果你是一個喜愛成為注目焦點的人，更要格外留心。過去你可能覺得，穿什麼只要自己開心、快樂、好看就好了，但是卻很少考慮到當你與公司其他人站在一起時的「綜效」。身為領導者，你的形象不只是公司整體形象中的一個元素，更是能夠「為企業形象加值」、「讓團隊形象更突出」的一個元素。你的形象，包含衣著與行為舉止，不只需要能和公司其他人站在一塊時不顯突兀，更要能夠因為你的存在而把「團隊的好」烘托出來。例如，有些領導者打扮得過於耀眼奪目，一跟團隊站在一起，其他人立即相形見絀、黯淡無光；也可能因為領導者反應特機靈、動作特麻利、口才特便給，只要一出手，其他員工頓時顯得遲鈍無能、笨手笨腳、不擅言詞……凡此種種，都是領導者秀自己的同時，未考慮到整體性，以致於無形中貶低了其他成員價值感的表現。

其實，只要想像「巨星＋舞群」，你就能立刻理解領導者與團隊形象共舞的概念了。在國際巨星的演唱會上，無論是碧昂絲、女神卡卡或麥可傑克森，他們多半不會一人獨撐全場，而是會適度安排舞群，讓表演更完整。演唱會開始時，往往會由舞群先營造氣氛，等場子暖起來之後，巨星再以氣勢非凡的姿態進場。然而，儘管巨星本人擁有超凡的魅力，當他們出現在舞台上的那一刻，卻不會讓舞者群相形失色，而是瞬間將表演整體帶往高潮，呈現出眾星拱月的氣勢。

身為領導者的你，就是那個巨星！你的出現，會讓整體團隊更吸引人，或是讓團隊黯然無光？決定，操之在你！

二、與其宣揚你的穿衣哲學，不如完整地傳達價值觀

如果你有特定穿衣哲學，且不吝於宣揚自己的穿衣哲學，請小心：你宣揚的是表面的穿著模式，或是深層的價值觀？

就拿是否穿名牌這件事來說好了，我常碰到兩種領導者，一種人很執著於「非名牌不穿」，另一種人則執著於「不穿名牌」，且這兩種人都對於自己的堅持引以為傲。然而，針對這種對名牌的極端執著，我總是告訴他們，穿名牌與否沒有對錯，需要思考的反而是「你的員工會如何理解這件事」？

當員工聽到老闆對名牌嗤之以鼻，強調自己是如何勤儉持家，不但只買最便宜的，破了洞還要補起來……員工心中或許只會接收到「老闆認為穿名牌不好」的片面訊息，甚至延伸解讀為「老闆很摳」、「所有浪費的行為都應該避免」……因此，他們即便有體面稱頭的服裝也不敢穿來上班，甚至換了好一點的車也不好意思停在公司附近。然而，不同於專業／才智／社經地位已備受肯定的老闆，員工正處在最需要內外在皆全然展現的階段，如果因為對老闆偏好的片面解讀，導致上行下效的模仿，或是即便想穿好，卻怕被解讀為特立獨行，而不敢光明正大地把外表形象打理好，這對員工或對公司來說無疑皆是損失。

而當員工看著你獨尊名牌，如果沒有深入的了解，往往容易將你定義為一個鋪張虛榮的人！進而出現兩種狀況：第一種，是員工看到你非名牌

不穿,於是認為自己如此認真打拚,沒想到卻跟了一個只重表面、不切實際的老闆;第二種,讓員工認為「像老闆這樣的成功人士都穿名牌,所以自己也要穿名牌才會像個成功人士」,而在弄清楚名牌背後的文化與品質意涵之前,就已然成為名牌的奴隸。有沒有可能,你穿名牌的出發點明明不是為了虛榮,卻在無形中養出了憤世嫉俗或虛華不實的員工,這,真的是你的本意嗎?

僅宣揚表面的穿衣哲學,而非完整的價值觀,就會有被誤解甚至曲解的風險。因此,**無論你對穿著的執著是什麼,就把此執著背後的原因說出來吧!**你的狀況可能是:關於穿著,你不是抵制名牌,而是「心中沒有品牌」。比起那一小塊牌子,你更在意的是得體度、合身度、品質、搭配的品味,所以只要能符合這些條件的服裝,不論是不是名牌,你都很樂意選用;又或者你常常穿精品、買名牌,不是為了牌子,而是為了它精良的工藝、優秀的設計以及其中的文化底蘊。並且,你認為服裝「貴精不貴多」,而好品質的服裝確實能穿得更久,因此儘管選用的單品為名牌,但是因為精準挑選,總體花費其實比選擇一般品牌,但毫無計畫、胡亂購買所花的金錢,還要少得多。

三、當你告訴員工「外表不重要」時,請再深思一次:真的不重要嗎?

愛因斯坦(Albert Einstein)向來是個不太講究穿著的人。尚未成名前,朋友勸他:「你應該好好打理自己的形象。」他回答:「Who cares? I'm nobody!」

成名後,朋友再度提醒:「現在是名人了,總該好好穿衣服了吧。」

他回答：「Who cares? I'm somebody!」

或許外表之於你並不重要，但是那往往是因為你已經是個 Somebody。當你的專業／才智／社經地位等已經眾所皆知，你的穿著要如何不拘小節，自然沒人敢有意見。

然而，你的員工跟你不同，雖然不是 Nobody，但在還沒有累積與你同等的專業／才智／社經地位之前，其實是正走在「從 Nobody 到 Somebody 的路上」，而在這條路上，偏偏是最需要好好打理形象的階段！

想想，假設你的專業有 200 分，就算外表打了六折，也還有 120 分。然而，你的員工並不如你那樣擁有 200 的專業——或許只有 90 分——但卻聽了你「外表不重要」的觀念後，有樣學樣地以「打六折」的方式來穿著，那他的專業外表就連及格都搆不上邊了。不要小看你的影響力，你的無心之言可能會耽誤許多人才的前程！

我的建議是：當員工正處於「從 Nobody 到 Somebody 的路上」的階段時，千萬不能讓他們認為「外表不重要」。這個階段的人必定花了很多心力在充實自己的內在，因此一定要想辦法透過外在，將內在全然展現出來，不要讓外表辜負了內在、委屈了內在。而身為領導者，幫助員工自我提升，是你的責任也是義務。如果你不能幫助員工找到將內在翻譯於外的方式，至少也不應該給他們錯誤的暗示，不是嗎？

員工上班穿著不得體，該如何溝通？

讓我們先做個小調查：

若員工因為「專業有待加強」而無法升遷，你會直接告訴他嗎？

若員工因為「外表形象不佳」而無法升遷，你會直接告訴他嗎？

　　我在美國念研究所時曾讀過一篇專業期刊論文，其中學者就問了受訪者以上兩個問題。得到的答案是：**對於員工無法升遷是因為「專業有待加強」時，幾乎所有人會直接溝通；然而當升遷問題源於「外表形象不佳」時，卻至少有 85% 的人選擇保持沉默。**

　　我經常與領導者們討論這個有趣的議題：為什麼有這麼多人明明看到員工穿著邋遢隨興，也知道這是他們職涯升遷的絆腳石，卻不明言指出呢？這是我得到的回答：因為「人不可貌相」，一旦開口要求外表，無異是讓自己成為那個「貌相」的膚淺者；如果直接指出員工穿得不好，員工可能會嘀咕「我是來工作，又不是來招蜂引蝶的」；而若是正好把員工的考績打得差了一點，員工更可能會懷疑老闆對自己的外表有偏見……總

之，對於要給員工的外表建議，許多人是心有疑慮的：擔心會傷感情、擔心對方不好意思、怕自己的善意反倒造成員工心生不滿、怕自己被貼上「外貌協會」的標籤；或者雖然想講，卻無法指出具體的改善方法。

然而，明明已經看到員工顯而易見的外表地雷，卻選擇不說，這真的是「為員工好」嗎？

你，就是你員工的貴人

這讓我想起有位朋友曾經告訴我的小故事。朋友就讀國中的孩子很喜歡打球，打球後往往大汗淋漓，產生酸臭的體味，此時就有一位同學跟他說：「不要過來，很酸很臭！」讓朋友的孩子心裡很沮喪。幸好這個情形被班導師注意到了，也做了很好的處理：老師在全班同學面前告訴大家，流汗有味道是很自然的，並建議孩子以後多帶一套衣服來學校，以後打完球趕緊換一套衣服就是了。孩子乖乖照做，從此以後就不再有因為汗臭味而被取笑的情形了。

聖經裡有句經文：「用愛心說誠實話」，而我相信這位老師除了「用愛心說誠實話」，更是「用智慧說誠實話」。因為他對孩子的愛，「不忍心」孩子因此被同學排擠，所以沒有視而不見，而選擇以智慧的方式，將真實的感受說出口，並提供簡單有效的解決方式，將孩子從尷尬中救了出來，同時也為其他同學做了很好的示範。那位老師，是孩子的貴人；而身為主管的你，也可以成為員工的貴人！

因為不忍心看到員工的實力、專業與才華，被埋沒在不合宜的外表形象下，因此甘願冒著冒犯對方的風險，誠實告訴他「該改變了」。

因為不忍心看到他從早做到晚，為客戶付出許多，卻沒有從客戶那裡得到應得的尊敬與尊重，因此願意勇敢告訴他：「你需要把內在的專業與高貴，用外表翻譯出來。」

因為不忍心看到他如此善良、體貼、溫暖，卻遲遲找不到適合的伴侶，因此冒險地點醒他：「不改變穿著，是很難擺脫『好人』身分的。」

因為不忍心看著他明明資歷最久、經驗最豐，卻因為外表沒有「主管相」，而一直與升遷擦身而過，因此願意挺身而出給他當頭棒喝：「不改變，你不會前進！」

願意「說誠實話」的人，才是你生命中的貴人。而身為領導者，只要點燃心中對員工的慈悲之心，就能讓回饋成為幫助員工向上的禮物。然而要如何讓員工順暢的把回饋聽進去，並且是欣然接受、心悅誠服、確實實踐？除了從慈悲心出發之外，也要掌握回饋的智慧：「完整性」與「順序」！

智慧回饋的完整性與順序：Why → What → How

請記得：你永遠沒有辦法「叫」別人去做什麼。你所能做的只有：啟動對方內在的師父，讓其內在的師父告訴他，他該做什麼。「啟動對方內在的師父」，這就是回饋的終極秘訣，但實際上又要如何實行呢？你可以運用知名領導學專家賽門·西奈克（Simon Sinek）提出的黃金圈理論：Why、What、How。在此理論中，所有回饋都必須涵蓋這三個層面，缺一不可 ❶。而討論為什麼需要涵蓋此三層面之前，讓我們先一起來檢視一

下回饋的三種層次：誠實的回饋、還不錯的回饋以及優秀的回饋。

第一是**誠實的回饋**。一個誠實誠摯的回饋者往往只專注在 What，也就是具體告訴對方需要改進的事項，此方法雖然有效率，但當雙方沒有足夠的信任基礎，或是對方此時此刻的心靈狀況不夠健康，誠實的回饋聽起來會像是在批評、挑毛病一樣，可能使對方士氣更低落、心理更抗拒。

接著是**還不錯的回饋**。一個還不錯的回饋者，除了 What 之外還會講 How，讓對方知道改進的具體方法，而不是讓他聽了回饋之後，雖然覺得非常有道理，但卻因不知道該如何行動而更焦慮、更無所適從。

最後是**優秀的回饋**。一個優秀的回饋者，會把 Why，也就是此事背後的原因／最終目的也講清楚，並且若此原因／最終目的與對方的信念如出一轍最好──這也就是前面所提到「啟動內在師父」的具體實踐。

最後的最後，最卓越的回饋者還會注意到回饋的順序，也就是：**先說 Why，再說 What，最後才是 How**！

Why：為什麼要改變

首先，請先告訴他「為什麼」他必須為這件事做出改變。此原因與他的個人願景、信念、價值觀愈有關聯愈好。

例如學員 Jessica 長期因公司業務同仁身上「菸味很重」而苦惱，在她

❶　掃描 QRcode 看賽門‧西奈克的黃金圈理論

看來，全身菸味不僅讓旁邊的人不舒服，而同事全身菸味去拜訪客戶，也讓她擔心公司形象受損。她憂心地問我該怎麼請同事改善？我建議 Jessica，從這位業務同仁最在意的事切入。比方，若你知道業務同仁心中沒有什麼比「業績達標」更重要，就可以說：「因為我知道你很專業，也希望客戶喜歡你、尊敬你的專業，進而願意對公司的產品買單。但是有很多客戶對氣味是很敏感的，特別是女性客戶，如果你對菸味多留意一點，說不定業績就翻倍了。」

What：描述你看到的事實

接著，可以中立地描述出你看到的事實。這邊要特別注意，你所說的必須是具體的情況，而不是指責或者情緒化的描述，例如說「身上有明顯菸味」，而非「菸味很臭很噁心」。

How：具體的改善方式

最後，請給對方清楚的指示，讓他知道具體該怎麼做才能改善情況。例如：「以後抽煙後，進辦公室前先用肥皂洗手、用茶漱口來降低煙味，見客戶前也要確認身上沒有菸味。」

當然，這裡之所以建議你採用 Why → What → How 的順序，是因為當雙方之間的信任關係尚未鞏固時，用這個順序來給回饋較能避免讓對方產生抗拒或防備之心。然而，你可以視情況來調配順序，例如若彼此信任度夠高，或許開門見山地直接講 What，之後再補上 Why 和 How 更好。

不過別忘了，無論順序如何，回饋都需要涵蓋此三層次，才算是完整、有建設性的回饋。

在這篇文章的尾聲，我想跟你分享一位學員的真實案例。這位學員是金融業的高階主管，善體人意的她非常在乎員工的感受與面子，平時鮮少要求員工、批評員工，因此在員工眼中是一個「好好主管」。直到上過我的領導者魅力課程後，她決定採取行動，成為員工的貴人。這是其中一個故事：

她過去時常注意到一位員工，雖然做事非常努力業績卻老是起不來，她心裡知道是外表出了問題，但總是難以啟齒。直到某個星期五下班前，她下定決心把那位員工叫過來，對他說：「我看你這麼努力，實在忍不住想要幫助你！」接著，她帶著員工站到鏡子前，「你看一下你的襯衫，領口已經泛黃了，可不可以換一件襯衫、打個領帶，頭髮去理一理？」當下，員工什麼話也沒說，就離開了。

星期一早上，她還沒踏進辦公室就聽到同事們的聲音，原來全辦公室的人都圍繞在這位員工身旁，告訴他「這樣很舒服、很好看！你早該這麼穿了！」看到員工換上了乾淨的襯衫與領帶，以及整齊有精神的頭髮，對自己露出感激的眼神，這時她內心知道，自己所做的一切都值得了。

身為領導者，
如何面對別人對自己穿著的批評？

認了吧！身為領導者，被批評本來就是家常便飯——除非你是極權的獨裁者。然而，邱吉爾（Winston Churchill）有句名言說得好：「如果每當有狗向你吠，你都要停下來朝牠扔石頭，那麼你永遠到不了目的地。」別人提出批評是他們的權利，而要不要為此做出改變則是你的選擇。

誠然，別人的批評有時一針見血，但當別人批評你的形象時，請記得：**領導者形象原本就是企業形象的一環，你不需要將它視為針對個人的中傷，而該將它視為對企業的建言。**你該做的，不是為之黯然神傷，而是以中立平和的心態將批評收下來，讓它在心裡沉澱一下。當平靜下來後，再客觀地用導演的角度來檢視：自己是否需要修正此批評指出的點？如果這個批評雖不中聽卻確實打破了你的盲點，證明你目前的形象並無法成為你完成個人使命與企業目標的助力，甚至還是阻力的話，那絕對會需要即時做調整。像我們在 Q1 中談到的柯林頓、柴契爾夫人，都是在接收別人批評之後，做了某種程度的修正。

然而，如果你以導演的角度審視後，發現此批評對你想塑造的形象並沒有影響，就不需要為它修正。例如前文提及的德國總理梅克爾，對穿著並沒有濃厚興趣，也不希望自己的外表成為注目焦點，因此即使別人抨擊她外表不夠品味出色、太樸素，她也不會為此動搖。然而想像一下，如果有一天梅克爾被拍到一張照片，照片中的她看起來驕傲自大或邋遢狼狽，總之，與她心中自我期許的領導者樣貌天差地遠，我想其形象團隊可就有得忙了！

常被人說不像老闆，
問題出在哪裡？

你曾被說過「看起來不像老闆」嗎？

看起來不像老闆，有些人認為是一種恭維，有些人則覺得是一種危機。領導者看起來不像老闆，到底是好事或壞事？

美國知名形象顧問約翰・莫洛伊（John T. Molloy）曾經做過一項實驗，研究管理者的穿著對於屬下行為有無影響。他請兩組人馬分別穿著兩種不同正式度的服裝，其中一組每天著長袖襯衫、打領帶、穿西裝褲；另一組則是較為休閒隨興的短袖襯衫、不打領帶。結果發現每天著長袖襯衫、打領帶、穿西裝褲的管理者，其秘書在工作上的紀律、積極度及完成度高過隨興組，而遲到早退、午休晚歸的狀況也少於隨興組。

如果你（或你周遭的人）也曾經有過以下經驗，大概就不會對上述實驗結果感到意外了：

- 兩個工作能力、資歷都差不多的員工遲到了，一個得體乾淨，一個蓬頭垢面，前者只被稍微唸兩句，後者卻被電到飛起來。

- 擔任公司招募主考官，面試時來了兩位應徵者，客觀條件都差不多，唯一的差別是其中一位長相出眾，另一位則普普通通。當長相出眾的人面對問題，回答「我不知道」時，你會覺得「這個人很誠實」；然而當長相普通的人說出相同的回答時，你卻心想「實力的確不怎麼樣」。
- 出國參展時攜帶沉重的產品模型、資料等行李，每個人都有負責的配額，然而有位同事總是手指頭都不用動一下，就會有人主動幫忙搬東西，反觀自己搬得腰酸背痛，卻沒有任何一個人過來幫忙。
- 平日與另一半出門，每當碰到他的朋友，他幾乎不太介紹自己給朋友認識。然而，某日出門時比較有打扮，剛巧又遇到朋友，他竟然很熱心大方地將自己介紹給朋友！
- 逛精品店，服務人員對自己不理不睬，卻把穿著稱頭的其他客人伺候得妥妥貼貼。

　　以上，都是來自我學員的真實案例。

　　人，確實是貌相的，但就是因為人天性貌相，我們更要學習如何展現出對的「相」，才不會被其他「貌相的人」誤會了。不少學員在明白這個道理之後，將它運用得淋漓盡致，不僅不讓自己被誤會，更能適度地調整自己的「相」，讓別人來「貌」。

　　例如有位學員是壽險業的總經理，在她麾下數百位營業處處經理中有位因戰功彪炳而自視甚高的同仁，她就要求自己：只要出現在這個人面前時，一定要穿出領導者的氣勢，才能得到此人的敬重，進而影響此人。

還有另外一位學員分享，他在帶團隊時經常覺得力不從心，因為團隊內有另一位職位比自己稍微低一點的人很愛唱反調，但是其他成員都比較聽那個人的話！後來隨著他開始注意自己的穿著，強化自己的氣勢，逐漸把領導權拉回來，這樣的狀況也就慢慢消除了。

更有無數學員回饋，當自己穿得好之後，屬下對自己的尊敬度、嚴謹度、遵從度都更好了。由此我們可以得知：過去我們都覺得屬下要穿得好，老闆才會尊敬他；其實反之亦然，身為領導者也要好好地穿，員工才會相信你，你也才能真正發揮領導者的影響力！

領導者 Notes　你像不像老闆？讓五歲小孩告訴你

如何知道自己像不像老闆？最直接的方法，就是讓別人來告訴你。你可以這麼做：

首先，找幾張公司團體照，並將臉部遮起來。

接著，請公司以外的人看照片進行評斷，請他們指出這一群人當中，誰是老闆？

他們的答案或許會出乎你的意料，但卻是很珍貴的客觀資訊。因為成功的形象管理，就是要讓每個人都能一眼就看出你是誰，並且簡單到連一個五歲小孩都能說出「這個人就是老闆」！

迅速建立領導者形象的三大心法

　　如何穿才會有老闆樣？接下來與你分享的「包、穩、挺」三個心法，能讓你有效建立領導者形象，並實地發揮影響力。其中「包」和「穩」是最顯而易見，連五歲孩子都看得出來的指標，因此，這兩者是每一位領導者的穿著必要條件，沒得商量，也沒有妥協空間。然而，「挺」是一種隱隱約約的感受，如果沒有經過訓練，通常沒辦法在第一眼就辨認得出來，因此不妨將它視為你形象策略的變因，依照不同的情況與策略需求來微調（或大調）自己「挺」的程度。

包：身體露愈多，權威漏愈多

　　從文化心理學的角度來看，身體露出愈多，代表著愈自由、放鬆、鬆散、社會結構愈有彈性、愈重視個人獨特性；而身體露得愈少，代表紀律愈嚴謹、社會階級愈鞏固，對傳統價值的尊崇愈強烈。好比有些文化對身體裸露的部位有嚴格限制，就是藉由對身體的包裹，讓大家從中實踐對傳統價值的尊重，以及對社群、對紀律的崇敬之意。

　　而在職場上，即使是非常崇尚自由創意的行業，只要和領導有關係，穿著都會需要「包」。因為當一位領導者的穿著夠「包」時，其嚴謹、堅持、可靠、值得信賴、尊崇傳統價值等特質，就能夠被提煉出來，而這些正是每位領導者都需要的特質。

　　當然，這並不代表你必須從頭到腳緊緊地包起來，而是需要知道「什麼該露、什麼不該露」，並了解「身體露出來愈多，權威也就漏掉愈多」。而雖然隨著時代推移，職場上對於裸露的禁忌已經慢慢鬆綁，大家的接受

度也愈來愈高，女性領導者還是要把握住：

- **愈「接近性徵」的部位愈不能露**：「露」，不只是正大光明的裸露肌膚，例如露出乳溝的低胸上衣、露出大腿的迷你裙（即使是創意行業，也不建議領導者穿短於膝蓋上 15 公分的短裙）；也包含隱約地露出性徵輪廓，例如上衣布料過於薄透而讓內衣蕾絲若隱若現，穿過緊的緊身褲而讓臀部出現內褲痕，或是鼠蹊處顯現出俗稱「駱駝蹄」的部位。
- **場合愈正式、愈嚴謹，能露的程度愈少。**即使是社交場合，我仍建議領導者的裸露程度寧可是在場人士中偏低的，而不要是全場中最高的！
- **行業愈保守，能露的程度愈少。**

　　至於男性領導者，也需要謹記以下原則：

- **不露手臂**：在重要的國際場合，「長袖」襯衫是唯一解。這不僅是因為短袖襯衫本來就不屬於正式服裝的範疇，更是因為穿短袖襯衫時的穩重氣勢比穿長袖襯衫少一大截，對領導形象並無助益。
- **不露腿毛**：在正式商務場合中，為了不露出腿毛，襪子必須夠長，讓你無論坐下、翹腳時都不會發生「露出襪子上的一截皮膚，上面還有腿毛」的窘境。
- **不露內衣**：請將內衣視同「內褲」處理，除了要隱形，還是要隱形。建議你選擇「低領口的無袖款式」，這種款式可以避免襯衫領口露出內衣；在穿比較透明的襯衫時，無袖的設計也不會像短袖那樣，在手臂處造成「斷成兩截」的視覺效果。

穩：穿著愈經典，人就愈穩重

　　穿著要穩。讓我解說一下何謂「穩」？我們常形容一個人穩重、踏實、值得信賴、做事牢靠、深思熟慮；不會暴衝、喜怒無常、出爾反爾⋯⋯，或如《論語》中所述「君子不重則不威」，所談的都是「穩」的特質。穩，是人際關係、處事應對中很重要的特質，你會發現即使是以創意維生的小說家、音樂家、藝術家，其中能夠兼顧創作的質與量，創作的資歷能長能久的人，都有著「穩」的特質。他們或許不是天才型的創作者，但是在脫韁野馬與千里良駒之間，他們選擇成為穩當的後者，不揮霍自己的才華，而是有紀律地運用它、鍛鍊它，一步一腳印地端出讓自己與世界都讚嘆的作品。

　　以下就是穿出「穩」的方法：

- **經典款**：想看起來更沉穩值得信賴，「經典款式」能助你達成的心願。經典款式，意即經歷年代考驗，五十年、六十年以來都仍在時尚舞台上占有一席之地的服裝，像是襯衫、線衫、及膝窄裙、西裝褲、西裝外套等。這些款式之所以能在經過時尚浪花潮起潮落的沖刷後，仍然屹立不搖，就是因為它不僅本身看起看起來舒服、穩定，也能讓穿上它的人看起來舒服、穩定。

  之於領導者，沉穩是永遠的時尚。儘管你是個崇尚創意、浪漫感性或毫不在意穿著的人，你身上一定要以「穩」為基調，夠「穩」了，再加上其他特質當成點綴之用。

- **中性色**：除了經典款式之外，「中性色」也能傳遞出「穩」的視覺印象。中性色包含黑、灰、白、深藍以及褐色系，它的低調、安全、得體、

大方與經典，讓中性色雖然不一定是每個人的最愛，但卻「沒有人會反對」，而這正是成功領導者穿著的立基點。

至於這些中性色中，要怎麼做選擇？除了考慮你穿這些顏色好不好看之外，也可以根據場合、想傳遞的訊息與感受，與希望達成的目的來進行策略性的選擇。

以下是這些中性色能夠創造出的基礎印象，在第二章中也我們會針對不同的目標，提供不同的色彩策略建議。

黑色：權威、低調、執著、創意、內斂

灰色：精確、智慧、謹慎、考究、沉穩、與數字有關（參見 Q15）

白色：良善、開放、誠實、信任、乾淨、輕盈、無害、接納（參見 Q14）

深藍：傳統、保守、嚴肅、務實、沉穩、執行力強（參見 Q13、Q15）

褐色系：平和、穩定、安全、質樸、信賴、忠實、親切、包容（參見 Q14）

挺：穿著愈英挺，氣勢就愈強

當我們要說一個人有氣勢、有精神的時候，常會形容他英姿勃發、風姿颯爽、雄赳赳氣昂昂、神采奕奕，這些形容詞指出了他的氣度、姿勢與身材。然而，一個人的氣勢與精神跟「服裝的挺度」其實有非常大的關係，這也是為什麼放眼世界，不管是哪一個國家的軍服，其中的共同要素就是「挺」。

在服飾心理學中，「挺」代表著氣勢、承擔、理智、嚴謹、健康、精神、勇於挑戰，而與之相反的「軟」則暗示著放鬆、感性、自由、創意。

當然，「挺」與「軟」並無孰好孰壞，但相信你也同意，無論什麼行業、什麼公司文化、什麼個性，「挺」就是會讓一個人看起來更「整裝待發」、更有領導者的樣子！

至於領導者要如何穿出「挺」？以下是易學、易懂、易操作的「挺度五式」，你一定要學起來：

- **加點墊肩**：這裡說的不一定要是誇張的復古 Power Suit 墊肩，也可以是自然的墊肩。特別是肩膀偏窄、偏小或下垂的人，有墊肩的外套能有效地增強氣勢。而如果你的肩膀本身已經寬闊挺拔，只要穿「合肩」——服裝的肩線正好落在肩膀骨上，就能展現出挺度了。

- **穿半合身版**：請注意，「半合身版」和緊身版是不同的！緊身版的衣服，很適合身材完美的人，可以讓健康緊實的身材完全顯現出來。但是若對自己的身材不夠滿意，覺得太胖／太瘦／不緊實，半合身版不僅能修飾身材，也有向上拉提、讓身材變挺的效果。怎麼知道自己的服裝是否屬於「半合身版」？你可以這樣判斷：抓住服裝單側，男性剛好可以抓起 3 到 5 公分左右的布料，若女性剛好可以抓起 2.5 至 3 公分左右的布料，就表示此服裝為半合身版。半合身的服裝能讓胖的人看起來挺而不臃腫，瘦的人看起來神采奕奕而非弱不禁風，肌肉鬆弛的人看起來緊實有精神。

- **布料要挺**：有「挺度」的布料如精梳羊毛、漿挺的棉，會比柔滑的絲、飄逸的雪紡紗讓你看起來更挺。想像一下兩件相同款式的白襯衫，一件是漿挺棉襯衫，一件是柔軟的絲質襯衫，穿在身上後給人的感覺有什麼不同呢？穿著漿挺棉襯衫的男士容易被認為是正直能幹的專業人

士;而穿著柔軟絲質襯衫的男士則比較像是溫和、富文藝氣息的翩翩男子。身為領導者,你認為哪一種形象更適合你呢?

- **鞋跟加高**:鞋跟加高,不只是物理上讓你站得更挺,也是心理上讓你自我感覺更挺的好方法。並且,它不是女人的專利!事實上,高跟鞋一開始是法王路易十四為了讓自己看起來更有權威而發明的鞋款。男士即使鞋跟高個 1 公分,也會影響走路姿勢與站的姿勢;女性亦然,你不需要足蹬 10 公分高跟鞋,有時只需要 3 公分的跟,就能讓整個人的挺度瞬間升級。

- **髮根蓬鬆**:無論是男性女性、長髮短髮,都可以藉由髮根蓬鬆,讓自己精神昂揚。只要用吹風機將髮根吹蓬 1 到 2 公分,看起來就會精神許多。

當我們熟悉「挺度五式」之後,便可以見招拆招、組合運用。是的,五個招式你都要會,但並不代表你隨時隨地都要五者全用,而是依照實際的需求狀況來決定你要用多少、怎麼用──因為不同的「挺」度,能夠為你營造出不同的印象。

例如,當你需要快速建立領導權威時,你的挺度一定需要達到 80% 以上。你面臨的情況,可能是身為企業二代接班,無論老臣、基層或總裁(也就是你的父母親),都在看你表現如何;可能是新官上任,公司裡的各個山頭都還在觀望風向,再決定是要挺你還是捅你;或許是接管了一個高人才密度的團隊,大家都等著看你有幾把刷子;又或者是見高階客戶,對方看多了與你同等實力的人,你需要給他一個理由,證明你是唯一的選

擇！諸如此類的情況，都需要你在最短時間內讓對方知道「誰是老大」、「誰有兩把刷子」，這時穿著千萬不要在挺度上妥協，挺好挺滿展現氣勢與精神就對了！

而若你的領導地位已經堅若磐石，無論專業或名聲上，大家都打從心底將你認定為老闆或業界翹楚了，此時挺度就可以降低，其降低程度會依照你需要／想要傳遞的訊息而定。例如，當你需要傳遞出嚴正、嚴肅、不容討價還價的訊息時，穿著至少要有 60％的挺度；而若只是平日辦公，沒有特殊目的與需求，挺度只要拿捏在 20％上下就綽綽有餘了。

挺度的調整也是心情的調頻，例如當你希望自己提振精神、嚴陣以待時，就可以調高挺度；若你想要放鬆、浪漫、隨意或傳遞親切無害的感受時，就可以降低一點。

總結而言，「包」與「穩」是領導者穿著的自我要求；「挺」則反映出了領導者的自我期待。這三個領導者穿著心法，正說明了為什麼「料好

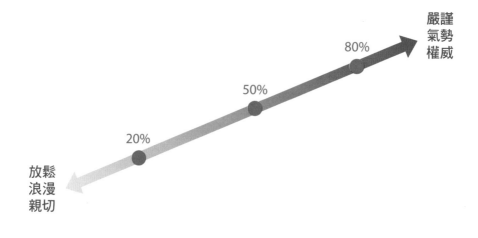

質佳的中性色經典款西裝外套」可以說是海內外領導者的共通制服——因為它將該包的都包得好好的，款式與色彩經典、歷久彌新、易於搭配，並且透過完美的剪裁與布料襯托出領導者的英姿，讓日理萬機的領導者毫無後顧之憂。無怪乎在我的領導者形象建構課程中，只要是傳統行業的領導者，總是會許願：「老師，請幫我挑一件上好的西裝外套」！

領導人如何培養影響力，
讓人不知不覺跟隨？

　　現在，我們已經知道如何透過穿著來提升影響力，但是提升影響力的方法絕對不只限於穿著，畢竟你不是一張形象照，而是會動、會走路、會說話的人！相信你一定也遇過那種自帶氣場的人，舉手投足誠摯、穩定而充滿氣勢，說話謙和不浮誇，但不知道為什麼就是很有影響力，讓人不知不覺地想跟隨他的帶領──小至招飯局、揪團購，大至政策布達、公益募款，無論他是不是老闆，只要是他提出來的構想或目標，別人總是會心甘情願（或不知不覺）地支持或跟隨。

　　到底為什麼他的影響力與眾不同？影響力，是可以培養的嗎？

　　影響力的關鍵已或多或少潛藏在你的身體裡，只是現在的你或許還不知道如何將它展現出來，或是展現得不夠淋漓盡致罷了。以下，讓我們分別從穿著以外的兩個影響力關鍵「肢體動作」與「口語表達」來探討提升影響力的實務技巧。在這一篇中，我會先帶領你領略如何透過肢體動作將內在的影響力提煉出來，至於提升影響力的口語表達技巧，我將在下一篇

做更深入的講解。

氣勢，是可以鍛鍊的

首先，讓我們先來談一下影響力的重要元素：氣勢。

想像一棟總共有一百層的大樓，每一層樓住著不同的居民，樓層愈高，居民的氣勢就愈高。你可以先自行想出幾位你最羨慕的氣勢人士，將他們安放在你認為他所屬的樓層中，並以他們做為參考基準，想一想：自己現階段在哪一層樓？或許，我們每一個人目前的氣勢樓層皆不相同，有人在十樓，有人在五十樓，但很公平的是：只要願意，每一個人都有機會各憑本事往上爬！

在爬樓梯的過程中，你會發現，或許你與樓層差不多的人互動起來舒適自然，但是一遇到「比自己高十樓以上」的人問題就來了。可能是一看到就緊張，可能是一講話就懼怕，或是儘管心中欽羨，卻只敢遠觀不敢褻玩。例如，有些業務對於小資上班族客戶很有辦法，但遇到「師」字輩的客戶就緊張得語無倫次；有些人面對中小企業老闆沒問題，但要拜訪上市上櫃公司的老闆就無法入眠……你可以自我檢視一下，找出自己與哪一種氣勢層級的人相處時容易緊張？這代表此人的氣勢樓層高度已經超出你的舒適區，然而好消息是：他所在的樓層通常就是你需要克服的挑戰或提升的目標，當你看到挑戰與目標所在之處時，向上爬的旅程就已經開始了！

至於向上爬的方法，除了 Q4 的穿著方法、本篇的肢體語言以及 Q6 的口語表達技巧之外，你也可以透過有意識的與他們相處（參見 Q26）來提升自己的氣勢。有朝一日，當你發現面對那些原先離你遙遠的氣勢人士

時，你已經不再緊張了，恭喜你！這正意味著你已經透過努力，爬升至他所處的樓層了。不過，也請準備好，你一定會遇到下一個令你緊張的人，那將不僅是你的新挑戰，也是蛻變的機會！

以下，就是能夠立即提升氣勢的肢體動作，只要將其應用在你的日常舉手投足中，就能收立竿見影之效：

走路：穩健扎實的腳步聲

有位專精相命學的學員告訴我：他在替人相命的時候，有時對方還沒走進來，只是聽到腳步聲，這個人的形象、個性、來歷就在他心中漸漸浮現出來；等到見了面，多半八九不離十。

身為領導者，你走路的步伐是穩健還是蹣跚？腳步聲是扎實還是瑣碎？如果你覺得自己的步伐與腳步聲缺乏氣勢，問題可能出在「走路姿勢」上。因為，若走路姿勢對了，不只本人，連步伐的聲音都會沉穩有氣勢，即便人未到，透過腳步聲，領袖的氣場就嶄露無遺了。相對地，如果走路姿勢沒有大將之風，傳遞出來的腳步聲也就難以悅耳，當然就無法展現出領導者的從容與大氣了。以下這些走路姿勢，是領導者要避免的：

- **發出大聲的「碰碰碰」腳步聲**

  這種情形多半是走路時整個腳掌同時著地，走久了不僅對膝蓋累積傷害，也會造成「不輕盈、缺乏彈性」的心理感受。只要在走路時「腳跟先著地，再來才是腳尖」，有了這一小段的緩衝，聲音就會小一點，感受上也較為從容。

- **走路時身體前傾，腳未到頭先到**

  這種人通常個性急，以「先腳尖，再腳跟」的方式踏出步伐，看起來總像是正急忙趕行程似的。有一個方法能讓你看起來更從容，但卻不會放慢腳步，那就是以「先腳跟，再腳尖」的順序邁步，這樣的走路方式能夠降低急迫感，有效提升沉穩可靠的感覺。

- **走路時看著地上**

  這是「思考者」的走路姿勢，然而這種走路方式不僅不安全，也容易呈現出心事重重、有煩惱的形象。你可以縮腹提腰（如果想更有強度，縮腹提肛也可以），核心肌群微微用力，這樣走起來會更輕鬆，看起來也更神采奕奕、朝氣蓬勃。

- **走路時下巴抬得高高的**

  所謂「趾高氣昂」描述的就是這種姿勢。這會讓你看起來盛氣凌人、驕傲難以親近。事實上，要走出神氣，只要走路時肩頸放鬆，雙眼平視前方即可。

- **走路「拖地」**

  走路時足部離地太少，以致於用接近「拖」的方式走路，容易給人「做事拖泥帶水、不俐落、沒精神」的感受。不妨有意識地訓練自己邁步時，腳多抬高一些些，多離地 10 公分，就會有顯著的差異。

- **走路時雙手紋風不動**

  只靠雙腿走路，少了的雙手自然擺動，看起來會顯得僵硬而緊張。讓雙手成為你的推進器吧！當肩膀放鬆，手自然前後擺動時，你不僅會看起來更自然，走起來也會更省力。

領導者 Notes ▶ 有氣勢的走路方式

1. 肩膀自然放鬆，縮腹提腰，核心肌群微微用力，如此膝蓋也會變輕鬆。
2. 邁步時腳跟先著地，順序是：腳跟→腳尖→腳跟→腳尖，並且想著要將腳「送」出去（例如左腳往前跨步時，重心是放在右腳，用右腳將左腳「送」出去）。
3. 由髖骨帶動，而非由膝蓋帶動。
4. 雙手隨著身體的韻律自然擺動（不是刻意揮動喔！）。

　　最後再與你分享一個走出亮麗的祕訣，這也是我常給學員的功課之一：走路時，想像自己從原本的一百燭光，放大到三百燭光、再放大到五百燭光、一千燭光。許多學員回饋，當他們開始這麼做，不只走路姿勢變好，更覺得自己神氣昂揚、自信度提升，甚至連路人看他的方式也不一樣了！

站姿：自然自信的站姿

　　平時當我們想表現自信時，大部分的人都認為要「抬頭挺胸」，不過，

抬頭挺胸其實是錯誤的！因為當你「挺胸」的時候，會讓肩頸肌肉僵硬，連帶地也影響了情緒與思緒，不但無法看起來有自信，反而容易讓自己看起來緊張。

這時你需要的是「抬頭提腰」，也就是像「量身高」一樣──想像自己在量身高的時候，你的能量自然會由脊椎底部向上一節一節拉提，並且自然流露出果斷、自在的氣勢，不僅看起來神采奕奕，自信與正面心態也會跟著油然而生。而這，就是自信站姿的基礎。

接著，請將手自然垂放於身側兩旁。此時肩膀是放鬆的，身體前面是開放的，沒有遮掩，沒有產生任何與人之間的阻隔，這代表一個人對自己、對對方、對環境的舒適感，是最平等、最令人如沐春風而放鬆自在的手部擺法。

至於雙腿，男士站時可以將雙腿張開約半個肩膀寬，如果個子不高或是身材偏清瘦，或希望自己看起來更魁梧，只要將雙腿站得和肩膀差不多寬即可。而女士可以將雙腿張開至能夠容納一到兩個拳頭的寬度，這樣不但站得更穩，也讓你看起來更大、更有影響力。（相同地，如果是身材嬌小的女性，雙腿可以站得更開一點，但不超過肩膀的三分之二。）

此外特別提醒女性朋友，避免內八字的站法，因為這種站姿在職場上容易讓人產生害羞、小女孩的聯想，若能調整為雙腳腳尖向前或微微往外張開的站姿，看起來會更沉穩可靠！

手勢：要穩、要大、要夠久

手勢，是強化語言和感情最好的道具。沒有手勢的談話，就像失去標

點符號的文章，不僅難以確實傳達意思，也容易使人聽沒多久就分心失焦。所以當你在講話的時候，請務必讓手勢助你一「臂」之力！

強化領導者氣勢的手勢訣竅是要穩、要大、要夠久：

- **要穩**：避免任何會晃動、瑣碎的手部動作，例如舉起手說「不」時，只要穩定地舉起就好，而不要快速高頻率地左右搖晃。
- **要大**：手勢愈大，氣勢愈大！一般而言只要將手勢維持在「腰部以上，肩膀以下」的範圍內，並且離開自己的身體一個頭以上的距離，就能讓你看起來沉穩、自信、具影響力。此外，你還可以依據訊息性質、聽眾多寡、場地大小，來調整手勢的大小，進而傳遞不同層次的氣勢。
- **要夠久**：手要讓人留下印象，不能只是草草帶過，而要適度駐留。例如當你張開雙臂，做出「邀請大家一起行動」的手勢時，此手勢停留的時間需要夠久，「邀請大家一起行動」的意思才有辦法傳遞到位。

領導者 Notes ▶ 小心「尖塔式手勢」

我們常在電影或演講中看到「尖塔式手勢」，例如影集《新世紀福爾摩斯》（Sherlock）中，主角夏洛克思考時就常用這個手勢，充分演繹出他「高傲自負的天才」的形象。然而，這樣的手勢適合你嗎？

「尖塔式手勢」是一個極具信心與權勢的手勢，需要小心使用，因為若跟自身風格不搭配，或是與想傳遞的訊息不

符合的話，尖塔式手勢並無法讓你像個渾然天成的領導者，反之會像是「尚在訓練中」的「表演者」。

我有一位企業家學員，就是尖塔式手勢的愛用者。然而，因為他的身材長相本身就極具氣勢，而他又希望自己能看起來更親切一些，我建議他：「尖塔式手勢」並不能傳遞出親切溫暖的感受，加上他的個人風格，尖塔式手勢多半只會讓他看起來高傲自負、難以親近，還是盡量少用為宜。如果你也喜歡尖塔式手勢，以下是使用建議：

1. 如果你的眼神、表情本來就不是很有自信，加上對說話內容也不是很有信心，那麼請勿硬套上尖塔式手勢——那只會讓你看起來像「硬撐出來的信心十足」。

2. 當你希望傳遞出的感受是溫暖親切時，要避免使用此手勢。

點頭：沉穩肯定的點頭

當聽到一個同意的論點時，你習慣以「點頭如搗蒜」來表達支持嗎？你或許不知道，這樣的肢體動作正一點一滴地消磨你的影響力！

點頭固然代表同意，但「點頭如搗蒜」與「沉穩肯定地點一次頭」所傳遞出的訊息與造成的效果是截然不同的。點頭如搗蒜，雖然能讓人感受到你的同意和支持，並傳遞出親切感，但它對影響力的建立卻無助益。這也是為什麼許多卓越的領導者即使心中極同意一個論點，也很少點頭點個不停，因為**真正有力量的點頭，只需要沉穩肯定的一次就足夠了。**

僅僅只是點頭的頻率，真的會造成差異嗎？有，而且是很顯著的差別！在領導者魅力課程中，就有許多學員回饋：當改掉「點頭如搗蒜」的

習慣，改以「沉穩肯定地點一次頭」來表示同意與支持後，別人看待與對待自己的方式也不一樣了。

眼神：穩定坦蕩的眼神

沒有眼神接觸讓你失去影響力，而眼神飄移、猶疑、閃躲，則會讓你的氣勢蕩然無存！所以你不只要「看」對方的雙眼，更要看得「夠久」。一般而言，面對面溝通時，你需要有 60％的時間與對方有眼神交流，才能讓對方感受到你的尊重；而要有 70％的眼神交流，才能讓對方感受到你的重視，此時影響力方能於焉而生。

領導者 Notes ▶ 男女眼神大不同

我在為企業做服務禮儀訓練時，常喜歡帶領大家現場做「視線範圍」的實驗──請學員們以一男一女的方式分組，雙方坐下來距離 45 公分左右，並「看著對方」交談一分鐘。交談完畢之後，再詢問他們在談話過程中所看到的視線範圍。

在每一次實驗中，學員都會很驚訝地發現：絕大多數男士在交談時，只能看見對方的臉部至鎖骨部位；而大部分女士的視線卻能將對方的上半身一覽無遺，甚至還能看到鞋子！

這證明男士的眼神較集中、聚焦，女士則擁有如廣角鏡般的視線範圍。所以在此容我提醒男士：與女性交談時，千萬不要看著對方嘴唇以下的部位。因為當你的視線移至女性

嘴唇以下時，其眼珠的轉動很容易讓對方察覺，而質疑你是否對她有「性」趣？請特別注意避免。

領導，是需要學習的。當你能夠從導演的角度來審視，就會一目瞭然：自己的模樣像個領導者嗎？別人為什麼會以這樣的方式對待自己？原來，自己的樣貌無形中正在引領整個團隊朝某個方向前進？而此方向，是你理想中的方向嗎？

是「你」，教會別人如何對待你。你會被優待、善待或是被虧待，原因都起於自己。但願以上肢體動作技巧，能夠做為再度審視自己時的參考基準點，並讓你能有所依循，再度決定自己要怎麼做。你會發現，當你改變了，別人對你的方式也就改變了；當你更像個領導者，別人也就更能心悅誠服地跟隨你的領導。我很肯定，只要你著手開始改變，回饋將會超乎預期！

公司推行新政策，
該怎麼做才能讓員工積極動起來？

在領導者魅力課程上，一位身為科技業高階主管的學員提出了這個問題：外表內斂的他，每次在內部會議上布達命令後，大家卻不太當一回事，之後也沒有跟著行動，於是自己只好繼續苦口婆心地再三提醒，常常覺得力不從心。我觀察他講話的方式，點出他之所以缺乏影響力，最明顯的問題就是「話說不清楚」。

「把話說清楚」是領導者——不，是每一個人——溝通的最低底限，你或許有點訝異，居然有人長這麼大了話還說不清楚？沒錯，真的有，並且還真不少！然而可喜可賀的是，只要意識到此狀況，並透過訓練，每個人都能在短時間內脫胎換骨，讓溝通品質從模糊變清楚。

三方法對症下藥，助你「把話說清楚」

請自我檢視，你說話是否有以下三種「話說不清楚」的症狀之一？

一、說話小聲、模糊或音調缺乏起伏；

二、講話如連珠砲；

三、說話贅字多。

如果你說話時有以上症狀，請趕緊依循以下三個方法對症下藥，把你的「清楚力」救回來：

症狀：說話小聲、模糊或音調缺乏起伏
解藥：刻意製造音調反差，強調話中的重點

有時候說話沒有影響力，居然是因為如此普通的原因──聽不清楚。聽不清楚，當然沒有影響力！身為領導者，沒有理由說話小聲、發音模糊。這不是個人風格的問題，而是攸關你領導生命的問題。建議說話小聲的人可以從有氧運動如快走、慢跑、游泳開始，鍛鍊自己的肺活量。

平日的公眾溝通請使用麥克風。然而千萬不要以為只要用了麥克風、音量變大了，就會自動有氣勢。祕訣在於：說話時，你需要想像將自己的聲音「投射」到聽眾席的中後方，而不是只停留在前面幾排。

至於個人的發音問題可以找專家協助，我也在此提供一個很土法煉鋼卻很有效的方法，就是就從唸報紙、唸文章開始，不是小聲地唸，而是要大聲朗讀出來，並且咬字需要刻意一點、戲劇化一點，若你在練習十分鐘之後嘴巴會感到微痠，就表示「有練到」。

此外，若說話音調單調，缺乏抑揚頓挫，會讓人抓不到重點，自然就難以吸收。你需要在話語中刻意製造音調反差，以強調話中的重點。而所謂強調重點，並不一定是把重點說得比較大聲就好，而是透過製造語速或

音量的「反差」來吸引他人的注意。例如如果語速比較快，講到重點時就可以放慢速度；音量比較大，講道重點時刻意放輕聲音，反而能讓人更聚精會神想聽清楚。

以下這四句話需要強調的重點都不一樣，你可以實際唸唸看，觀察自己是否能透過聲音的反差，來讓聽者立即抓到重點為何？

這份提案需要快一點，明天早上九點就要給客戶了。

這份提案需要**快一點**，明天早上九點就要給客戶了。

這份提案需要快一點，**明天早上九點**就要給客戶了。

這份提案需要快一點，明天早上九點就要給**客戶**了。

症狀：講話如連珠炮
解藥：說話時在心裡寫下「標點符號」

我曾在企業訓練現場做過這樣的調查：假設你去買東西，為你介紹的店員講話如連珠砲般地速度飛快，並且句子與句子之間沒有停頓，這時你會有什麼感受？學員們給出的答案有很多種，但是都很直接：覺得對方沒顧慮到自己、缺乏熱情、缺乏連結、訊息糊成一團不清楚、覺得自己跟不上對方思考的速度、覺得對方因緊張而講得飛速……

當然，說話速度變快可能是因為緊張，但是此狀況也同樣出現在談自己極熟悉的主題時。因為已經爛熟於心，也就不知不覺地快速一股腦兒地將資訊「倒」給對方，而忘了考慮到：對聽的人來說，此主題可能是第一次接觸，而每一個新資訊都需要一定的時間吸收消化，才能進入到下一個

資訊。

　　有一個簡單的方法可以改善此狀況：在心裡把「標點符號」寫下來。例如，假設你要講的內容是「今天我要布達三件事情，第一件，是產品售價的調整」，請你在說完「三件事情」之後，就在心裡寫一個「逗號」，接著再繼續說「第一件」，在心裡寫一個「逗號」，再接著說「是產品售價……」。有了標點符號，你的話語就不會像滔滔江水一樣淹沒對方，而能如溪水潺潺淙淙，有韻有致，輕易入對方耳，進而入對方心。

症狀：說話贅字多
解藥：有意識地注意贅字

　　如果你的訊息是一條路，那麼贅字諸如「然後」、「對對對」、「那」、「啊」，就是路上一個一個的小坑洞，每經過一次坑洞，聽者就會踉蹌一次，這不僅是解讀訊息的阻礙，也會讓你的領導氣勢一點一滴消磨殆盡。

　　針對贅字問題，學院的口語表達課程老師劉文英博士提供一個有效的改善方法：首先，請把自己說話的樣子錄影下來。接著，重看錄影，找出自己的「贅字」是什麼。最後，請一位嚴格的同事或朋友幫你注意，當你每講一次贅字就要糾正你，並且罰10元（請你真的拿出10元交給他），只要確實執行，很快就能改掉贅字的毛病！

提升口語表達影響力的「三力」

　　如果你已經很確定自己說話夠清楚了，影響力卻仍然無法彰顯，那問題可能就出在缺乏以下提升口語表達影響力的「三力」。口語表達影響力

的三力，包括：沉穩力，讓人覺得非聽不可；邏輯力，讓人聽完後會記在心裡；觸動力，讓人不只相信，更願意身體力行、為其奔走！對一位想建立氣勢與影響力的領導者來說，此三力是缺一不可的：

沉穩力，讓人覺得非聽不可

低沉的聲音會比高亢的聲音來得有權威感，而較緩慢的速度又比偏快的語速更具沉穩氣勢。不妨把自己說話的聲音錄下來，再檢視自己的音調、語速。一般而言偏低的音頻與偏慢的速度，能讓你擁有更沉穩的氣場。此外，除了依循前述「清楚力」的原則，注意話語中的抑揚頓挫並做適度的重點強調之外，你也可以將重要話語中最後幾個字的語調「向下降」。

你可以親自嘗試，將同一句話唸兩次，第一次讓最後幾個字的語調向上揚，第二次讓最後幾個字的語調向下降（例如唸「下週一前把報告完成」）。你會發現，當把最後幾個字向下降的時候，聽起來會產生肯定、不容置疑的感受；相對地，如果最後幾個字向上揚，則會有不確定、飄浮在空中，甚至接近撒嬌的感覺。

因此，當你希望能傳遞權威感、宣布不容置疑的訊息時，將音調放低、音速放慢，且將句子的最後幾個字音調往下降，會讓你顯得更沉穩肯定、更不容置疑，這是領導者建立影響力最有效率的方式之一。在 Q1 曾提到，柴契爾夫人為了建立領導權威所採用的形象調整策略，就是以此為基礎。

邏輯力，讓人聽完後會牢記在心

說話時以「條列式」的方式可以讓指令更易懂，不僅能被迅速理解並

支持，並且因為不需要被重新組合或猜測，可以大幅降低被誤解的風險。推薦你運用「三點邏輯法則」，把想法歸類為有邏輯關聯的三點。

這「三點」可以是：

- 過去、現在、未來
- 目前狀況、問題所在、解決方法
- 之於員工、之於公司、之於客戶
- 之於個人、之於部門、之於公司
- 好處、壞處、衡量損益後的方案
- 第一個好處、第二個好處、第三個好處

這樣的發言方式，猶如在聽眾的腦袋中「畫表格」，能夠迅速將聽眾浮動的心「定」下來，準備吸收新資訊。不僅有助於聽眾能易聚焦、理解，也讓身為講者的你敘述起來脈絡清晰，能充分展現宏觀與遠見。

觸動力，讓人不只相信更願意身體力行

「雖然聽起來很有道理，但是沒有感覺，激不起行動……」

你應該不希望自己的慷慨陳詞之後，換來的是這種反應吧？當對方雖然聽得懂也記起來了，但是卻看不到行動，或是即使有行動，也只是被動配合、敷衍了事，這多半就是因為他們的內心還沒有被「觸動」到。換句話說，腦理解了，心卻沒有感覺，認為你講得再好也是「你的事」，而不是他們「自己的事」！而要引動觸動力，請先思考兩件事：

第一，在說話之前，**你是否全然相信自己要說的話？唯有你自己已經百分之百相信，才有辦法觸動別人；唯有你自己的熱情已經是熊熊大火，**

才有辦法點燃別人心中的火苗。

第二，當你已經確定自己的信念，接下來就是**透過對方的夢想和恐懼來觸動他**。我一直很喜歡這個說法：銷售的過程非常簡單，就是了解對方的夢想、知道對方的恐懼，並讓你的產品能夠完成他的夢想、挪掉他的恐懼，那他自然就會被說服了。

美國前總統歐巴馬（Barack Obama）在決定投入競選前，夫人蜜雪兒一開始並不同意。然而，歐巴馬告訴妻子：「我之所以想參選，不只因為我想成為美國總統、改變美國社會，而是希望讓更多的黑人孩子、移民孩子、來自社會底層的孩子看到：一個人的膚色或出身並不能決定他一生的成就！」他將自己的心願結合她的夢想，成功地說服了妻子，而蜜雪兒也從極力反對，轉而成為歐巴馬競選時的一大助力。

當你的表達富觸動力，你說服的將不只是聽眾的腦，而是他們的心。你能使聽眾從被動的接收者，搖身一變成為主動的倡議者，讓你的信念成為他們的信念，並為了宣揚它而奔走。所謂一傳十、十傳百，講的正是富觸動力的訊息！

當你具備人際溝通中最基礎的「清楚力」，加上領導者口語表達影響力的三力：「沉穩力」、「邏輯力」、「觸動力」，你的溝通效果將不可同日而語。一如前述的科技業主管學員，在接受「清楚力」調整之後，就已經有顯著差別，之後再歷經三天課程中針對口語表達影響力的三力琢磨訓練，他說話的力量就充分發揮出來了！他也告訴我們：「過去只覺得，既然我已經把想法說出來，就已經盡到我的責任了。但是現在想想，既然

我腦中已經有了對公司最好的想法，我就有義務要把這個想法用對的、有影響力的方式把它表達出來，進而為公司創造最大的價值。」

領導者 Notes ▶ 選擇時機，讓溝通更有效

如果你覺得自己的話語明明已經具備清楚力、沉穩力、邏輯力、觸動力了，卻還是沒有效果，那表示問題可能不在你，而在對方身上。你需要再度審視對方的「腦」和「心」是否已經準備好接收訊息了？無論這兩者中哪一個沒準備好，你都很可能會面對「聽不懂」或是「聽不進去」的狀況。聽不懂，表示對方目前的「腦」沒有能力理解訊息。不妨把大腦想像成一個「篩網」，每當接收到新資訊的時候，新資訊就會像沙子一樣由上而下倒進篩網中。然而，如果人對此議題並不熟悉，篩網上的洞洞還很大，新資訊就會很快地從洞洞中流失，僅留下一小部分，而留下的這一小部分沙子就是我們最後理解的部分。好消息是，篩網的洞洞會隨著人對議題愈來愈熟悉而逐漸縮小，也就是說同樣的議題多聽幾次之後，流失的就會愈來愈少，留下來的部分愈來愈多，對議題的了解也會愈來愈全面。

不同的人對不同領域的知識篩網洞洞都不一樣。在布達之前，你需要先知道對方腦中對此議題的篩網洞洞有多大，也就是他目前對此議題的知識層次有多高、格局有多大？此議題要怎麼說他才聽得懂？經過思考之後，再把你想傳達的訊息以對方聽得懂的方式說出來，如此「溝」，方能「通」。

聽不進去，代表對方目前的「心」沒有能力處理此訊息。心沒有能力，或許是他此時此刻正在趕其他案子；或許是五分鐘內就需要下班去接孩子；或許因為已經開了一整天會，腦力已耗竭、體力已透支；也或許是因為剛剛才被客戶罵個臭頭，已經垂頭喪氣沒能量；又或者因為他對你前嫌未釋，目前尚無法以開放的心接受你的新訊息……對此種種「氣氛不對」的情況視而不見，而繼續頒布命令，自然不會有正向的效果。

你需要的是：**為你的命令挑選對的時機，讓大家的「心」準備好接受此訊息，必要的時候甚至需要為此命令傳達進行布局**。例如當你要在會議上布達新政策，且希望大家對此嚴肅看待，你在開會前就可以預先要求所有人務必準時，會議前勿放輕鬆音樂，主持會議時不聊天開玩笑……總而言之，你要確認大家都預備好「迎接重要宣告」的心，這才開始布達。當然也不可在會議最後五分鐘，大家都急著趕赴下一個行程了，才匆匆布達，那樣效果當然好不到哪裡去；假使因為此命令會影響到其他議題討論的成效，所以計畫在會議尾聲才布達，你也需要確認前面議程的負擔不會太重，不能是馬拉松式的會議，或者是讓大家絞盡腦汁或士氣低落的議題，免得開會開到最後，大家體力、腦力與心力都已經所剩無幾，這時布達新命令當然也很難有好的成效。

此外若你判斷此時會議的氣氛並不適合布達，也可以乾脆宣布休息十分鐘，等大家喝完咖啡、上完洗手間，帶著全新的心情回來後再宣布新政策。

身為老闆，
可以穿休閒服上班嗎？

　　這兩年來職場穿著出現一個趨勢：不想穿西裝套裝上班的領導者愈來愈多了！並且，不只是穿著本來就偏不正式的創意產業領導者這麼想，有許多來自金融、法律等「嚴肅」產業的領導者，也逐漸鬆綁自己穿著的正式度。他們經常抱著一絲希望來問我：有沒有辦法穿得不那麼正式，卻仍然有老闆的樣子？

　　面對此問題，我總是會進一步探詢：「想穿得不那麼正式當然可以，但是請先自問一下：我們『有資格』或『已經準備好』可以穿得不正式了嗎？」

正式或休閒，都是策略考量

　　首先，需要釐清一個觀念：**「休閒」或「正式」沒有孰好孰壞，端看你想要訴求的目標是什麼**。

　　就像同樣是汽車品牌，有的品牌會要求員工穿成套西裝，也有品牌將白襯衫、牛仔褲當成 Dress Code，而這兩個品牌的價格定位可能相去不

遠！之所以會有這樣的差異，是因為兩者雖然價格區間相近，但是目標客戶不同，前者賣給績效導向的企業管理階層，後者則瞄準講究生活品味的雅痞。所以身為領導者，在決定自己的穿著策略時需要考慮到：正式或休閒所傳遞出來的訊息，是否為你想要的方向？

此外，即使不穿西裝套裝，也不等於你只能穿休閒服！在西裝套裝與休閒服之間是有中間值的，那就是「商務便服」；因此，若你不想穿西裝，請先思考自己要穿的到底是「商務便服」或「休閒服」？

兩者間的差別在於：「商務便服」在展現輕鬆、自由、創意的同時，仍能兼顧專業感；而「休閒服」顧名思義就是休閒時候穿的服裝，在服飾心理學上意味著休閒、放鬆，和工作是八竿子打不著的。

自我審視：我有資格穿休閒服嗎？

如果經過了以上思考，你仍認為連商務便服都太過正式，那就讓我們一起來檢視一下自己是否「有資格」穿休閒服。想穿休閒服上班，以下三個條件缺一不可：

1. 領導者本身需要是顯而易見的「Somebody」，專業聲譽與領導地位已經達到頂尖成就，甚至被認為是某某行業的「教父」、「女王」等級的人物。

2. 公司已經建立明確的穿著規範，員工也已徹底執行。

3. 所有的員工心中都知道：不管老闆自己怎麼穿，他都期待員工能穿得很專業。

先有刻意，才能隨意

經過以上的自我檢測，你已經很確定自己有資格穿休閒服上班了，讓我們進一步討論領導者穿休閒服的核心要訣：先有刻意，才能隨意。

對一位領導者而言，**你的輕鬆當中，必須藏著講究；你的從容背後，是品味經驗的積累。你穿得輕鬆，不是因為對自己的穿著漫不經心，而是經過思考之後，主動地「選擇」輕鬆成為你的形象語言**。換句話說：你的穿著不是為了舒服而穿、不是為了省事而穿、不是為了時髦而穿，而是為了你希望傳遞的訊息而穿。穿休閒服傳遞出的訊息，可能是一種樂活的Lifestyle，可能是親切感的傳遞，可能是希望藉此讓氣氛放鬆，可能是對目標客戶的調頻，也可能是領導者與員工之間的區別。

三準則穿出有老闆樣的休閒服

要如何檢測自己的休閒服是否有「老闆樣」？最簡單的指標就是：當老闆穿著休閒服，和整家公司站在一起時，不管員工們穿的是休閒服、商務便服或西裝套裝，都能一眼就看得出來「誰是老闆」。以下三個準則供你自我審視：

1. **可以鬆，但不能垮**。即使是休閒服，也要注重合身度，而「包、穩、挺」技巧（參見 Q4）是一個很好的參考值。

2. **可以平實，但不能看起來便宜**。老闆的休閒服不一定得是高檔名牌，但是質感一定要是好的。

3. **可以隨興，但不能隨便**。你是要管理團隊，不是去洗車，請勿把短褲、拖鞋穿到公司來。

最後提醒你，畢竟老闆的形象就是整家企業形象的標竿，加上華人在職場中的潛規則：「穿得比老闆更好或更像老闆有失禮數」，所以當老闆自己穿得隨興的時候，員工的形象也就容易愈來愈隨便。所以身為領導者的你如果穿休閒服，需要很明確地讓員工知道：

1. 即使老闆穿著隨興，員工仍不需要、也不應該配合老闆而穿得休閒。

2. 頒布明確的穿著規範是老闆的義務，依循公司的穿著規範則是員工的責任。

3. 穿得整齊得體不是一種選擇，而是一種必要。而員工穿得好，不僅能讓公司整體形象加分，老闆也會真心引以為榮。

女性領導者在男性主導的領域，
要如何突顯自己？

我的學員，也是多年好友 M，是一家金融公司的總經理。

剛上任不久時，有一位重要的外國客戶來訪，她特別穿了衣櫥中最高級的粉紫色洋裝，想讓客戶留下好印象。當她與一群穿西裝打領帶的同事在公司門口迎接客戶，卻沒想到客戶一下車就直直走向她身旁西裝革履的屬下前面與他握手，絲毫沒有注意到一旁的 M！

她將這件事情告訴我，我隨即請她找出當天的合照，並且把照片中所有人的臉遮起來，請她問自己：「照片中，誰是總經理，誰是秘書？」答案不言而喻，她也就此下定決心，要換上一個屬於「領導者」的全新形象。後來，我為她採買搭配了三十套能展現領導者氣魄的穿著，從上媒體接受採訪、出席重要會議、股東會到商務社交餐宴……這些戰袍服裝也成了她的專業利器，不僅對內溝通更順暢，對外也擦亮了公司的品牌。

M的故事並不是特例。有許多女性主管都曾因為「沒有主管的樣子」，輕則被誤認為助理、屬下，重則能力被低估、待遇被打折、案子總是談不

大、升遷之路總是到一個程度就止步。且由於「外表」是一個敏感話題，所以當別人認為你沒有主管的樣子，大多數的人都不會明說；導致這些人連「知道問題在哪裡」的機會也沒有，以致於五年、十年都原地踏步，真的很可惜。

我深信這群女性值得擁有更傑出的成就，因此為了協助她們，我深思「為什麼女性領導者的形象策略，難度總是比男性高？」最後，推論出了四個主因與相對應的解決對策：

原因一：男人重得體，女人重好看
對策》讓男人做你的形象參謀

穿著導向最常見的是「得體」與「好看」兩種，一般而言，男性重前者，女性重後者。之於大部分的男性，穿著是百分之百的政治考量；一旦男人確立了目標，就會依此來選擇適當的穿著，他們可以不好看，但絕對不會讓自己在得體度上失分。然而，女性對自己外表好不好看通常很敏感，這也讓女性較容易因過度專注在「好看」，而在得體度上有所妥協。

然而，**在穿著得體度上，對全世界的人都是公平的，當穿著不得體，即便再好看也無用武之地！**而既然男人天生擁有敏銳的穿著政治直覺，不妨就讓他成為你最好的形象參謀。你可以在著裝後、出門前徵詢他的意見，如果你身邊沒有適合的詢問對象，也可以在出門前拍下自己當天的穿著照，並把臉部遮住──以幫助自己客觀地用導演角度來審視──看看「這個人」的樣子像不像是個領導者？面對即將見面的對象，「這個人」這樣穿適合嗎？「這個人」的穿著像個領導者嗎？能否代表你的公司？能否達

成此行的目標？而如果在活動現場有拍照記錄（例如你在台上的照片、跟其他人的合影等），可別浪費大好的練習機會，不妨把臉部遮起來，並運用相同的問題自我審視。經過幾次刻意練習，你的穿著政治敏感度就會與日俱增了。

要得到對的答案，你得先問對問題

當你想向別人徵詢穿著意見時，提問的方式幾乎就決定了你會得到什麼樣的答案。

千萬別問「我這樣穿好不好看？」這樣問，你只會得到「好看」或「不好看」的答案，這對你並沒有實質的幫助。正確的問法是告訴對方你的場合是什麼，即將見的人是誰，今天的目標為何，再問他「這樣穿適不適合？」如此，他們會給你很棒的、偏政治性的答案。

原因二：男人怕和別人不一樣，女人怕和別人一樣
對策》同中求異，好個 20% 更加分

想像一下：當男人走進會議室，發現自己跟大家穿得一樣，多半會鬆一口氣；而當女人走進會議室，發現有人跟自己穿得一樣，天啊！簡直是噩夢！

女人其實不用害怕與別人相同。因為如果想快速與人拉近距離，「相同」是非常必要的條件，畢竟看起來是同一國的，才能迅速融入其中！我

們真正要努力的是「同中求異」，看起來像圈內人，但又隱約地展現個人特色。

你可以這麼做：先找出目標群眾穿著的形式（如全套套裝／半套套裝／商務便服／休閒服），以此形式為依歸，然後再比此目標群眾大約好個20%。這裡的「好」並不限於品牌或價格，也可能是合身度比較好、搭配更優雅、質感更好，或是更有個人特色……好 20% 的比例能讓你從眾人中脫穎而出，又不致於太過高調，非常適合想穩健成長的女性領導者。

原因三：男人穿著簡單，女人搭配複雜
對策》透過科學化公式，讓穿著簡單化

男人的職場穿著公式比較簡單（西裝、襯衫、領帶、長褲，That's All！）而女人的穿著則千變萬化（想想光裙子就有多少種長度款式的變化，這還沒算進色彩、風格、搭配的變化呢！）──變因愈多，出錯的機率就相對提高。

因此，許多女性領導者會刻意將穿著的變因降到最低，例如梅克爾就將穿著模式限縮為「短髮＋項鍊＋套裝外套＋長褲＋低跟鞋」，只在外套顏色上做變化；而打開柴契爾夫人的衣櫃，幾乎大半是藍色系，這讓她無論怎麼搭配都不會錯；至於臉書（Facebook）營運長雪柔・桑德柏格（Sheryl Sandberg），則是及膝洋裝的忠實粉絲。

一位身為傑出女企業家的學員有此名言：「管理公司這麼久，什麼大風大浪都難不倒我，但沒想到最後我卻是被衣櫥打敗！」這位學員在上了我的課程後，針對穿著各種可能出錯的地方一一擊破：透過皮膚色彩屬性

鑑定找出適合自己的色彩，透過身材與個人風格解析掌握適合的款式，讓衣櫥中再也沒有一件讓她氣色黯淡、身材走樣、風格不符的衣服。並在閒暇時運用搭配公式，為自己建立起「形象檔案庫」，每天出門前只要照表操課就行了……這些方法，讓她重新找回了穿著的方向感與形象的主控權。學習，是一個好方法；如果你自覺也被衣櫥打敗了，現在、立刻、馬上就起身學習吧！

原因四：覺得要穿出氣勢，就會女人味盡失
對策》穿著以中性元素為主軸

有些女性領導者（特別是身處產業陽盛陰衰的領導者）會認為，要展現氣勢就得壓抑自己的女性特質，以剛硬、強勢的樣貌取而代之，方能贏得男性同僚／員工／廠商們的尊重。事實不然，只要用對方法，溫柔與權威是可以並存的，並且贏得敬重的效果可能更好！最簡單的原則，是讓自己的穿著有一半以上的「中性元素」：

- **款式**：選擇「男女共通」的款式，例如西裝外套、西裝長褲、襯衫等，但可別矯枉過正去買男裝，畢竟女裝的剪裁和男裝是不同的，男裝剪裁會讓女性的胸腰臀曲線盡失，看起來像穿了盔甲一樣。此外，簡單的經典款窄裙、經典款洋裝、經典款線衫也可以列入考慮。至於荷葉邊、蕾絲、圓裙等任何你看了會讚歎好可愛、好有創意、好浪漫……的單品都不算在此範疇中。

- **印花**：優先挑選男人也會穿的花色，如條紋、格子、規則幾何圖形等。如果想穿美麗浪漫的印花，則需要將面積控制在 20％以下。

- **曲線**：什麼樣的曲線對於女性領導者最有助益？絕對不是沒有曲線，也不是性感火辣的曲線，而是「優雅順暢的胸腰臀」曲線。這樣的曲線不僅讓你看起來美得自然不費力，也能讓「女人喜歡你，但不會忌妒你；男人欣賞尊敬你，但不會想入非非」！我想，這是女性領導者可以奉行終生的形象指標。

- **色彩**：現今大家對於商場上的穿著色彩接受度愈來愈大，因此若你的服裝款式已經很經典中性，而行業別也可以接受亮麗色彩，那麼就可以依據目標或喜好來選用適合的色彩（Q2 中梅克爾就是這麼做的）。然而若穿著的款式並非經典款，或是款式相對比較休閒，那麼就建議你以中性色（黑、白、灰、深藍、褐色系）為主軸。

- **髮型**：「會飄動」的髮型比「不會飄動」的髮型更女性化。這也是許多女性領導者喜歡留短髮的原因：因為短髮俐落、好整理，且看起來比較「中性」。

　　最後，在兩性平權已日漸成為主流、針對性別多樣性的討論也蔚為顯學的現代，為什麼我們還是需要針對男性與女性領導者之間的差異性做討論？我想，即便目前社會中對性別有各式各異的聲音，但不可否認的是，

目前的職場尚處於過渡的階段。在大部分的情況下，職場仍然是遵循著長久以來由男性建立起的遊戲規則，無論性別為何，只要能符合這套遊戲規則，職場之路通常都會走得比較順暢。但願這裡所提供的形象管理智識，能協助你在不犧牲自己性別特質的前提下，仍能符合遊戲規則、滿足社會期待，讓職涯發展更輕省順利。

如何像祖克柏、賈伯斯一樣，
打造專屬於我的領導形象？

蘋果電腦創辦人賈伯斯（Steven Jobs），每次產品發表都是清一色的黑色高領毛衣＋牛仔褲；臉書創辦人祖克柏（Mark Zuckerberg）一件灰色 T-shirt 走天下，美國副總統賀錦麗（Kamala Harris）無論穿什麼服裝總是搭配珍珠……這些領導者是因為太忙、沒時間煩惱穿什麼，所以乾脆在偶然找到自己喜歡的單品後，就持續穿嗎？我們是不是也可以仿效這個做法，打造專屬的領導者形象？

這樣的猜測其實只對了一半。誠然，他們沒有時間變化穿著（和你一樣），也不想把每天早晨寶貴的精力虛擲在「對著衣櫥乾瞪眼」上面。但是，他們對穿著的選擇並非偶然，而是經由形象專家精心指點，或經過刻意安排的結果。換句話說，即使他們看起來「隨興」，其隨興也不是真的隨興，而是「經過精算」的隨興！

這群領導者（或他們倚賴的形象專家）所做的，其實是以導演的角度看到：自己是誰？社會如何看自己？自己又希望社會如何看自己？並根據

現階段的目標，訂定相對應的形象策略。好消息是，訂定形象策略的方法並不複雜，你也可以自己操作！接下來與你分享我為客戶訂定形象策略時，經常運用的「形象策略三圓圖」，供你參考：

形象策略三圓圖

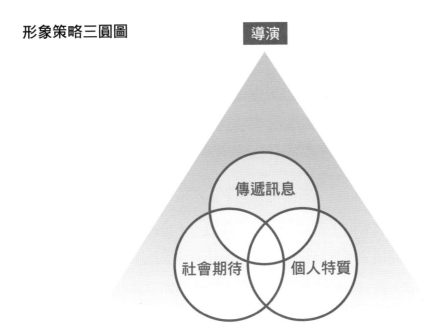

社會期待

　　大眾對於各行業人士大多會有基礎的期待，建議除非有特殊考量，否則不要偏離這個期待。例如金融法律業的領導者大多會穿西裝；廣告業的領導者若穿得太中規中矩會失去和創意有關的聯想；運動產業的人需要看起來很健康；而若行業與設計美學相關，則穿著本身要有一定的品味。

如果不確定，你可以看看「同行的成功者」中，「80%」的人是怎麼穿的。為什麼要強調「同行的成功者」？因為這些脫穎而出的成功人士的形象多半得體得宜、得大眾之心，換句話說，符合大眾對該行業成功人士的期待，你跟著照做就不會出錯。而之所以要強調「80%」，是因為頂尖人士中常會存在20%的「異數」，這類特殊人物雖然專業頂尖、天賦超群，但特立獨行也是出名的，除非你也屬於此類人士，否則還是不要將其穿著模式當成參考值比較好。

個人特質

在符合社會期待的同時，也請不要忘了：在扮演領導者的角色之前，你得先成為獨特有魅力的「自己」。你該做的，不是把自己硬套進某一種領導者的樣板，而是先了解自己的本質，並且運用服飾、顏色、配件、髮型、彩妝等方式，將自己的特質展現出來，接著再結合其他兩個圓（社會期待、傳遞訊息），發展出獨一無二的領導者樣貌。你會發現，當你能夠真正忠於本質、展現自我的時候，你，這才會是真正的你，才能湧現內在的力量，才會感到真實的快樂。

傳遞訊息

你需要釐清自己「現階段」所扮演的角色，與以此角色想要傳遞的訊息。我這裡說現階段，是因為形象策略不僅會因你個人的身分、位階、年齡、目標願景而改變，也與你團隊／企業的階段性目標、文化、產品定位息息相關——當你了解自己需要／想要傳遞出的訊息後，就能透過形象技

術，來展現、強化或傳遞此訊息。

例如特斯拉（Tesla）的創辦人伊隆・馬斯克（Elon Musk），就以「皮衣」做為特斯拉品牌文化最好的呼應：皮衣當中蘊含的冒險與反叛基因，演繹出特斯拉勇於挑戰、顛覆傳統的精神，同時也打中了粉絲們（一群喜歡嘗鮮、擁抱最新科技、好奇心強烈且熱愛挑戰傳統的人）的心。

「形象策略三圓圖」範例

領導者的形象策略，必須同時兼顧「形象策略三圓圖」的三個層面，不能缺少任何一項。少了社會期待，無論穿得再怎麼吸引人，別人還是難以把你與你的行業、你的企業聯想在一起；少了個人特質，就有如戴上面具，完美有餘，卻無法代表真實的自己；少了傳遞訊息，你將偏離航線，無法帶領企業品牌往願景目標前進。

而三者兼顧其實並不算是個艱鉅任務——前述所舉的例子中，每一位領導者所選擇的穿著模式，都和其希望傳遞出的形象、公司文化、個人特質有關連！

例如賈伯斯的高領毛衣，是廣受大學教授、知識分子所喜愛的款式，在社會心理學上代表著知性的學者氣質，而其簡單的線條也和蘋果的設計理念有關聯性（傳遞訊息）。並且，高領毛衣巧妙地修飾了賈伯斯偏長的脖子（個人特質），你可以想像一下若他改穿 V 領毛衣，看起來可能會像清癯的修行人。除此之外，賈伯斯的牛仔褲是科技業內的共通語言，不僅符合大家對科技人士的社會期待，同時也創造出了他與員工的連結（社會期待＋傳遞訊息）。

國際貨幣基金組織總裁克莉絲汀‧拉嘉德（Christine Lagarde），以套裝（社會期待）搭配千變萬化的絲巾（個人特質）著稱，套裝的幹練與絲巾的柔軟，演繹出女性銀行家理性與感性兼具的特質（傳遞訊息）。

伊隆‧馬斯克以皮衣（傳遞訊息）做為形象重點，但並非粗獷、富流浪氣息的機車皮衣，而是皮質細膩富光澤、剪裁經典的都會款皮衣，降低了他壯碩的身材與桀驁不馴的個性所造成的威脅性（個人特質），同時也像是個充滿創意、精力旺盛的頂級富豪（社會期待）。

《Vouge》雜誌美國版主編安娜‧溫圖（Anna Wintour）的招牌內捲鮑伯頭髮型是五〇年代的代表，象徵著傳統與經典的精神，有了這個髮型，儘管身為時尚教母、引領時尚潮流的她穿遍世間華服，個人風格卻從未被流行洪流淹沒，就是因為儘管服裝走在時尚尖端（社會期待），髮型卻守住了傳統經典的元素（個人特質＋傳遞訊息）。

美國副總統賀錦麗儘管會依場合穿套裝或穿牛仔褲（社會期待＋傳遞訊息），卻永遠戴著或長或短、或單顆或成串、或白或黑的珍珠項鍊（個人特質＋傳遞訊息），不僅是因為珍珠是她所屬團體 AKA 姐妹會（Alpha Kappa Alpha Sorority，美國第一個非裔姊妹會）的信物，也因為珍珠能演繹出「智慧、寧靜、正直、忠誠」的印象。

而祖克柏鍾愛的灰色 T-shirt 與牛仔褲，則同時滿足了社會期待、個人特質與傳遞訊息三條件：矽谷新貴，就是這樣！

以上這些例子，都能夠成為你在擬定形象策略時的參考，但是請不要為其所限，而應該盡可能地去發揮嘗試，有必要的話，也可以請專業的形象顧問協助你。

實踐全方位的品牌思維

在擬定與實踐形象策略的過程中，你會愈來愈深入「你＋品牌」之間的關係，並且不止體現於外在穿著，而是全方位的——你的一言一行，一舉一動，都與品牌密不可分。從某種層面來說，它其實是個「修行」：時時刻刻以導演的角度，360 度審視自己的思維、格局、樣貌、待人、處事、價值觀，包括線上線下、人前人後的形象，對外人與對內部團隊的態度，對待同性與對待異性的禮儀，與比自己身分地位高，與比自己身分地位低者的相處模式，在媒體上公開發言與內部溝通談話的尺度……經過持續的省思，最終你會感謝自己領導者的身分，讓你擁有比一般人更多的機會，能不斷地檢驗自己的言行、淬鍊自己的魅力、印證自己的核心價值。

最後提醒你，領導者的形象策略會「進化」，但不會「突變」。當「形象策略三圓圖」中的任一項發生變化——或許是社會期待不一樣了，個人條件改變了，或是你希望傳遞不同的訊息，此時形象策略也會需要跟著改變。然而，其改變不會是朝令夕改，且每改一次就大翻盤，而是穩定且漸進式的改變——從延續原有的形象策略，慢慢過渡到下一個形象策略——如此，才是領導者品牌經營的長久之計。

今天上班穿什麼？
如何快速決定每天穿著？

在我的課程中，常有「臥虎藏龍」的學員，他們外表低調，直到經過幾天相處之後才知道原來大有來頭，人稱「King 哥」的台灣引興企業董事長王慶華就是其中之一。引興是台灣工具機零組件業的龍頭角色，在 2020 年的疫情危機，引興是第一批無償投入台灣「口罩國家隊」的企業，生產製造口罩需要的大量機器，在有限的時間內撐起台灣的防疫產能。被業界譽為「精實管理」之王，當別人還在以「日」做為生產流程單位時，引興用的單位是「30 分鐘」。❶ 在 King 哥的領導之下，工廠沒有多餘的庫存，卻能靠著順暢的流程與高速效率回應客戶最即時的需求。

King 哥告訴我，他的衣櫥也和企業一樣，秉持精實管理的核心觀念：**沒有一件廢物，沒有多餘的流程，每一件都能夠互相搭配，並能在最短時間、最小庫存的條件內達成最高績效，滿足工作與生活中各種場合、各種目的的需求。**

這其實是一個很好的理解方式：如果衣櫥就像你的企業，你的衣櫥企業是由什麼樣的成員組成的？

是雖然人數多、陣仗大，卻多數是可有可無的冗員，不但大半成員無法彼此支援、互相合作，每當面臨重要任務時，你仍會覺得「沒有一個能打仗的」？還是雖然人數精簡，卻精銳盡出，不僅每個人都能獨當一面，合作起來更是默契十足，讓你無論遇到什麼樣的挑戰，都能安一百萬個心？

也可能，你的成員雖然個個都來頭不小，也都實力堅強，然而卻心高氣傲，只能自己當主角，無法紆尊降貴去配合別人？

又或者，衣櫥企業中的成員在草創時期是夢幻團隊，然而隨著公司轉型，漸漸也發現它們已經不敷所用，現階段的你或許已經需要為公司引進不同類型的人才？

或許你心中已經有答案，並迫不及待地想知道：到底要如何打造一個實踐「精實管理」的衣櫥？以下我列出了領導者必備的精實衣櫥組成，你可以參考此架構，先為衣櫥打好基礎，之後再依照自己的需求（可參照 Q9 提到的「形象策略三圓圖」），繼續增添其他成員。

用創業思維建立「基本服飾骨架」

相信你一定聽過「膠囊衣櫥」的概念：將衣櫥視為一個膠囊，透過精心規畫，運用最少的服裝創造出最大效能的造型。在我的課程中，我將之稱為「基本服飾骨架」，而既然這是一本談領導者形象的書，我們不妨直接以「創業」的角度來理解這個概念！

---

❶ https://www.businessweekly.com.tw/magazine/Article_mag_page.aspx?id=7001758

「基本服飾骨架」的概念其實真的和創業相去無幾。當企業還在草創期，你一定會想先招募公司核心業務一定需要的夥伴，在核心業務稍有眉目或穩定下來之後，再增聘能補強／擴大／優化此核心業務，或能開創新增業務的各式各樣學有專精的新血。道理與做菜類似，草創期的核心員工就像基本食材，而能補強／擴大／優化此核心業務，或能開創新增業務的新血則是調味料──雞肉與蔬菜等基本食材只要加上不同調味料，就能料理出不同的美食，就如加入日式醬油就能做出照燒雞肉，加入印度香料則能夠做出坦都里烤雞一樣。

　　衣櫥也是相同的，**當你先把「基本服飾骨架」的單品買齊，就像在企業草創期先建立起一群實力堅強的核心團隊。有了此團隊做為基礎，之後再將其他學有專精的特殊人才納入麾下，你就會發現儘管團隊不大，卻沒有什麼任務是達不到的。**可惜的是，大多數人因為容易被新奇漂亮的服裝所惑，而沒能先建立「基本服飾骨架」，於是櫥子裡的冗員占了大多數，不但無法團隊合作，還會虛耗空間、浪費資源，把衣服擠壞了不打緊，更慘的是，每每遇到重要場合你仍然會大嘆沒有衣服可以穿！

如何建立「基本服飾骨架」

　　想建立「基本服飾骨架」（也就是一群完美的核心員工／基本食材），你得依循以下兩個重點：

建立「基本服飾骨架」重點一：搭配性高

　　「基本服飾骨架」的單品一定要搭配性高，才能發揮最高的衣櫥價

值，就像你找來的第一批核心員工一定要有團隊精神、擅長合作一樣。

　　服飾搭配性高的原則是：款式簡單基本、沒有引人注目的細節。如：經典高雅的西裝／套裝、及膝窄裙、長褲、襯衫、線衫等；至於顏色，最好是中性色，例如黑、灰、白、深藍、卡其色、咖啡色系等。想像一下：一件深灰色的經典款長褲，一定會比印有白色條紋的綠色長褲來得好搭配吧！

　　然而，這只是最容易搭配的原則，而不是鐵則。如果你真的想將一件顏色或款式獨具特色的服裝納入團隊中，只要確認它與團隊中其他單品都可以搭配，仍然是可行的。

建立「基本服飾骨架」重點二：最好的單品

　　給香蕉，只能請到猴子；既然你要招募最好的核心成員，就不要捨不得在他們身上投資！畢竟他們是公司長久需要仰賴的人才，不只專業能力需要是一時之選，價值觀也需要與公司契合，並且忠誠度高——所以，請只選擇料好質佳的上乘單品。這類服裝不只能襯托出你的身分地位，並讓你的身材看起來無懈可擊，其優良的工藝品質亦讓它耐穿持久，不會輕易損壞；更棒的是，它能讓你信心十足，無論遇到什麼場合，你都知道只要穿上它，就如同吃下一顆定心丸，使你的自信在瞬間全然湧現。

「基本服飾骨架」範例

　　以下是我為學員規畫「基本服飾骨架」的範例之一，可以做為你「創業」的參考：

- **女性領導者「基本服飾骨架」範例**

1. 西裝外套：一件上好的西裝外套是基本服飾骨架裡的「皇后」，中性色的經典款式最能增加多重搭配性。

2. 基本裙子或長褲：建議是和 1 成套的中性色及膝窄裙，或基本款長褲。（如果你不需要穿一整套套裝，此件就不一定要與 1 成套，唯需確認兩者搭配穿著時，儘管站在穿著全套西裝／套裝的人身邊時，也不會顯得突兀或正式感不足。）

3. 延伸西裝外套：和 2 可以搭配，且款式／顏色與 1 要有顯著區別，如此你的穿著才會有足夠的多樣性。（「顯著區別」的定義是：連五歲小孩都看得出有差別。）

4. 針織外套：基本款，顏色可以是任何適合你的顏色，且要能和 2、5、6、7 等下半身與內搭搭配（可以在休閒星期五時取代西裝外套）。

5. 延伸裙子或長褲：挑選剪裁與布料能讓你「穠纖合度」的中性色基本款，款式／顏色需與 2 有顯著區別，且可以和 1、3 搭配。

6. 活潑裙子或長褲二件：可以是活潑的顏色／款式，重點在於需要可以和 1、3 搭配，並且和 2、5 有顯著區別，你的穿著才會有足夠的多樣性。

7. 內搭六件：選擇內搭的重點在於要跟 2、5、6 單獨搭配，也可以再加上 1、3、4。只要滿足這兩個條件，可以選擇各式各樣的內搭，包括襯衫、針織衫、背心等，設計可以簡單，也可以稍有變化（如領口有蝴蝶結繫帶、有小的幾何圖形／條紋／格子等傳統圖案的印花、亮面或緞面布料等）。

8. 洋裝：款式與顏色需要和可以 1、3、4 都可以配，並且是上班與社交餐宴場合皆可穿的洋裝。

9. 大衣或風衣：中性色最適宜，款式簡單、料好質佳，讓你無論正式或休閒場合皆容易穿搭。

- **男性領導者「基本服飾骨架」範例**

1. 西裝外套：西裝外套是男性領導者基本服飾骨架最重要的單品，最好是深藍色或中至深的灰色，四季皆宜的上乘毛料西裝外套。

2. 西裝褲：和 1 成套的西裝褲。（必需成套。甚至若你常需要穿成套西裝，可以選購雙褲交替換穿，延緩這套西裝的耗損速度。）

3. 獵裝外套：和 2 的西裝褲要可搭配，可以是素面中性色，或如條紋、格子等經典花色；且顏色／布料／款式與 1 的西裝外套要有顯著區別，你的穿著才會有足夠的多樣性。

4. 夾克或針織毛衣外套：要能和 2、5、6 等下半身搭配（可以在休閒星期五時取代西裝外套）。

5. 西裝褲：跟 2 有顯著區別的同時，也可以與 1、3、4 搭配的西裝褲。

6. 卡其褲或其他長褲二件：可以與 1、3、4 搭配，也可以休閒時穿著。

7. 上班穿的上衣六件：其中至少一件需要是品質上乘的白色長袖襯衫。其餘上衣可以視需求而定，例如一般行業可以選擇淡藍色、格子、條紋等花色襯衫；而創意行業或穿著嚴謹度不需要太高的人，則可以選擇各式喜歡的色彩、款式與圖案。

8. 大衣或風衣：深藍、黑色、灰色或卡其色最實穿。

當你已經備齊了「基本服飾骨架」，就可以依照自己的「形象策略三圓圖」，繼續物色其他衣物。千萬不要本末倒置，先找了一堆「特殊人才」（調味料），再試圖招募可以與之搭配的「核心員工」（基本食材），如此只會讓衣櫥雖然擠滿，效率卻很低落，常常找不到合適的衣服穿。

此外，這兩例都是專注在領導者的商務穿著，但這可不意味著領導者只有工作，沒有下班生活！你可以運用同樣的衣櫥創業思維，為自己建立「運動企業」、「晚宴企業」、「休閒企業」等。而如果 A 企業的員工偶爾還能支援 B 企業的業務，C 企業的人馬有時也能被借調去 D 企業……那恭喜你，你已經用最少資源建立起運作順暢的「企業集團」了！

快速決定穿著的方法

當你的「衣櫥企業」已經整飭完畢之後，你每天站在衣櫃前煩惱「今天穿什麼」的時間應該縮短不少了，畢竟你的衣櫥已經不再是一群烏合之眾，而是一群合作無間的精銳菁英了。接下來，我想繼續與你分享加速穿衣決策流程的三個原則，讓你以最短時間達成最高效率。

原則一：找出穿衣的形式

先透過以下這幾個問題找出穿衣的「形式」：全套、半套、商務便服或休閒服？（穿衣形式的選擇請參考右頁的「商務穿著正式度階梯」。）

- 今天最重要的場合是什麼？（會議／簡報／商業午餐／約會……）
- 今天要見的人是誰？他們平常都穿甚麼？（上司／客戶／下屬……）
- 何種穿著讓你讓他都自在——或者是能刻意讓對方不自在？

商務穿著正式度階梯

全套西裝／套裝

半套西裝／套裝

商務便服

休閒服

　　從這幾個問題，你就能判斷出今天是要穿全套、半套、商務便服或者休閒服，例如今天要代表公司出席的會議非常正式，或許就需要穿全套西裝／套裝，而若是輕鬆的商業午餐，那穿商務便服可能就綽綽有餘了。

原則二： 大面積→小面積

　　選定穿衣的形式後，你的選擇範圍已經大幅縮小了，接下來我們先將面積最大的單品抓出來。

例一：今天需要穿全套西裝／套裝，請先決定要穿的是哪一套西裝／套裝（大面積），再選擇可以搭配的襯衫（小面積）。

例二：今天需要穿半套西裝／套裝，請先決定要穿哪一件外套（大面積），再選擇要搭配哪一件裙子或長褲（中面積），接下來再選擇上衣（小面積）。

例三：當今天的場合不需要穿外套，那麼需先考慮的單品就是「下半身」了。之所以建議先決定下半身，是因為下半身的選擇與功能性有關，女性若需要活動方便時，通常傾向於選擇長褲；男士則可以依場合決定要穿西裝褲、卡其褲或是更休閒的長褲。決定下半身

穿什麼後，再依照心情來搭配上衣，例如想呈現浪漫放鬆的感受時，女性可以穿件荷葉邊領口的線衫；男性則可以選擇粉色襯衫（例如粉藍／粉紫／粉黃等）。

原則三：衣服→配飾

決定完衣服之後，就是最後一步：用配飾做最終「定味」！相同地，你需要依循自己的「形象策略三圓圖」來挑選首飾、領帶、絲巾、鞋子、包包等配件。全部配好之後別急著走，一定要拿著包包、穿著鞋子，再照一次「全身鏡」，從導演的角度客觀看自己，確認 360 度完全沒有問題之後，就能放心出門了。

以上「衣櫥企業」的概念，是我多年來已經實證有效的系統。坐而言不如起而行，你一定要實際做做看！即使在一開始「試營運」時多少有些不習慣——你可能會覺得衣櫥很單調，或是望著空蕩蕩的衣櫥感到一絲不安全感——但很快地你就會發現：當衣服變少，決策過程就會變得順暢，而你實際穿出的造型多樣性卻變多了，無論長期或短期，這都是，也才是，最好的投資！

公司真的需要
規定員工穿著嗎？

你的公司有員工穿著規範或制服嗎？

你認為領導者需要管員工穿什麼來上班嗎？

關於員工穿什麼，通用汽車（GM，General Motors）的執行長瑪莉・巴拉（Mary Barra）上任時，直接把十幾頁的規定文件縮減成二字箴言 Dress Appropriately（穿著得當）❶；而網飛（Netfilx）創辦人里德・哈斯廷斯（Reed Hastings）則說，他相信員工都是成年人了，沒有必要用過多的規定把他們綁得死死的 ❷。

然而，這樣做真的對嗎？如果是你的公司，你有勇氣給予員工這樣的自由與信任嗎？這些企業表面上「砍掉」穿著規範，然而在我看來，他們並未否定穿著規範的概念，只是將其變形或是歸納入其他範疇。例如 GM 的執行長之所以縮減穿著規範，想必不是真的認為穿著規範完全沒有必要，而是因為此規範已經行之有年，大家對於何謂適當穿著已經有一定的共識，因此決定讓言簡意賅的「穿著得當」成為最高指標。

而 Netfilx 內部盛行的「自由與責任」（Freedom and Responsibility,

F&R）文化，讓員工在享受公司賦予的極高自由度時，也明瞭必須證明自己值得公司的信任才有資格留下（如果你無法證明，則會收到一筆優厚的遣散費，打包走人）。因此，他們即便沒有明文規定的穿著規範，也不意味著會有人穿睡衣或裸體來上班。他們所做的不是完全揚棄穿著規範，而是將「對自己形象負責」的形象思維，隱含於公司文化的一環中。

閱讀至此，你可能已經開始思索：你的公司也可以像 GM 或 Netfilx 一樣，只說「穿著得當」或直接聲明「不會管員工穿什麼來上班」嗎？如果你的公司符合上述情況，當然可以，但如果不是，讓我們先一起認識幾種常見的穿著規範型態，再依此找出最適合你公司的做法。

穿著規範的不同型態

穿著型態大致可以分為：完全無規範、地雷法、Dress Code 與制服。關於「員工上班該穿什麼」這個問題，其實與世界上最難的互古難題「晚餐吃什麼」有異曲同工之妙。以下，就讓我們套用「夫妻倆在車上討論晚餐吃什麼」的情境，各種企業穿著規範之間的差異就會一目瞭然了：

完全無規範：高度自由、高度風險

先生：晚餐想吃什麼？

太太：隨便。

---

❶ https://www.businessinsider.com/gm-ceo-mary-barra-on-changing-gms-dress-code-2015-3
❷ https://www.norulesrules.com/

先生：那吃炒飯？

太太：太多澱粉，不要。

先生：吃牛排？

太太：太貴。

先生：吃壽司？

太太：太生冷。

先生：吃義大利麵？

太太：不喜歡。

先生：那你到底想吃什麼！？

太太：都可以。

先生：……

　　如果你對員工的穿著完全無規範，就會出現此狀況：公司自認給員工很大的自由，但員工卻屢屢踢到鐵板，覺得公司雖然表面上沒有規範，實際上卻有一堆潛規則，沒有既定標準，也不公開透明，讓人必須費心去「揣摩上意」，不僅造成資源耗損，而在來回試探的過程中，彼此之間的信賴度就這樣一點一滴地被「磨」掉了。

　　曾有一家有會計師事務所請我學院協助做員工穿著訓練，起因就是接到客戶的發飆電話：「我們付這麼多錢，你們怎麼派一個這麼不專業的人來處理我們的帳務！」然而當天去處理帳務的會計師不但資深，能力也沒話說，卻因為外表不修邊幅，被客戶懷疑其專業。這就是當你對員工穿著完全無規範時，可能會付出的代價。

我認為要完全不規範，除非公司已像 Netfilx 那樣，內部有著強而有力的「自由與責任」文化。否則你無疑是陷員工於險境──明知道他的形象有可能不符合企業文化，甚至不符合社會對他專業的期待，卻又不告訴他應該怎麼穿，豈不是放任他承受極大的被誤會、被屏棄的風險嗎？

並且，即使是未必會見到客戶的內勤員工，也需要有穿著規範。畢竟當一個人穿著不專業、不稱頭時，不僅會影響整間辦公室的工作氛圍，主管與同事也容易因為他的外貌質感，而不自覺地低估他的專業、忽略他的需求、小看他的才能、輕視他的貢獻，他自己也會因為這樣的被對待，進而影響自信程度與工作表現。（說實話，寫到這裡，連我都開始心疼起這位員工了。）

在選擇「完全無規範」之前，請先確認你的企業符合以下兩個前提：
1. 已經建立起極強的「自由與責任」企業文化。
2. 員工對專業穿著已具強烈共識。

地雷法：迅速防堵錯誤，但因需要不斷更新反而顯得限制多

先生：晚餐吃什麼？

太太：不要炸的都可以。

先生：吃牛排好嗎？

太太：牛排好像有點太油了……

先生：但是牛排又不是「炸的」？

有些不想給員工太多限制的企業，會採用「地雷法」。這個方法有一

點像是「槍砲彈藥管制條例」，僅把「違禁品」列出來（例如鯊魚夾、破牛仔褲、拖鞋、短褲等），卻沒有說明建議的做法。如果公司內大部分人的穿著都還可以，只有一兩位同仁有點小狀況，可以迅速運用地雷法來防微杜漸，不要小看這個舉動，它的確有妙用──很多領導者告訴我，公司內本來只有一兩個人穿破褲子，很後悔當時沒有即時糾正，於是產生破窗效應，大家漸漸開始相互感染，把短褲、拖鞋都穿來公司。

「地雷法」同時也有著被「鑽漏洞」、「挑語病」的宿命。而因為其「負面表列」的特性，只有規定什麼東西不能穿，而沒有告訴員工合宜的穿著方式，也往往讓員工無所適從。首先，只要地雷法未列出的東西全部都可以穿，選擇範圍其實是超乎你想像的大；其次，一旦員工穿了公司未規定為地雷，卻不符合企業文化／專業需求的服裝，因而被糾正時，必定會破壞彼此之間的信任關係──畢竟又沒有規定不行，主管憑什麼禁止我穿此服裝來上班呢？最後，為了避免此狀況，只要一出現新的地雷，就需要不斷更新規範，員工不免會覺得公司小鼻子小眼睛，自己一點自由都沒有。如此情況，符合你一開始不想給員工太多限制的初衷嗎？

當你的企業符合以下情形，可考慮採取「地雷法」：

1. 員工對專業穿著已經具備一定共識。
2. 希望迅速解決某特定問題時。

Dress Code：有框架的自由，方便遵循管理

先生：晚餐吃什麼？

太太：我想吃七分熟的丁骨牛排。

先生：那你想吃我們家附近那一家，還是遠一點的那一家？

太太：都可以，你決定就好。

從他們的討論方式看起來，這對夫妻應該很快就能吃到晚餐了！在「有框架的自由」中做選擇，比起在完完全全的自由中做選擇來得容易，而這也是為什麼在我輔導的企業當中，Dress Code 是一大主流，因為它對於管理階層與員工來說，都是執行起來容易，錯誤率也低的方式：既讓大家享有一定的自由，又有清楚明確的參考準則，因此不容易「走鐘」；不僅讓領導者方便管理，更能讓員工省心、省力、省時、省錢，不需要去臆測「這個可不可以戴」、「那個可不可以穿」，而能在展現自我魅力的同時，也兼顧企業形象；更能夠傳遞出「既有制度，又尊重個人差異性」的企業文化。

一份既能實現企業形象，又易懂、易執行的 Dress Code 規範，需要滿足以下條件：

- **圖文並茂**。每一個人對文字的理解不同，與其用千言萬語形容，不如圖片一目瞭然。

- **盡量詳細**。諸如服裝的形式、建議的顏色範圍、鞋子／包包的顏色、有助於專業的髮妝等；並明確載明需要避免的地雷，以避免主觀評價不一造成混淆。

- **涵蓋所有職種**。如果因為工作勤務或職種的差異而有不同規範，都需要詳列出來，例如業務人員的穿著規範、內勤人員的穿著規範等。

- **解釋原因**。有時人會反彈，是因為不了解穿著規範背後的原因，只要

誠摯地說明公司為什麼會做此規範，如此穿著又能如何幫助他的專業形象，在充分理解之後，大家往往就會願意配合了。

總歸而言，若企業符合以下狀況，「Dress Code」是很好的選擇：

1. 希望員工有一定的穿著辨識度，但又不希望讓員工穿制服。
2. 不僅需要營造專業氛圍，同時又希望保有創意自由的企業精神。
3. 同仁為高度專業人士（如律師、會計師、企業顧問），不希望團體形象凌駕於其個人獨特性上。

制服：高辨識度、低風險

先生：晚餐吃什麼？

太太：我想吃○○餐廳的丁骨牛排，七分熟。

聽到這樣的回答，你猜先生會做什麼？應該是二話不說就直接往餐廳開吧！制服，就是如此簡單直接、無庸置疑。如果你想快速有效率地建立企業形象，並且希望打造超高辨識度，讓員工出現在面前時一秒就能被辨認出來，或當企業對於「員工形象不對」的風險承受度極低的時候，「制服」就是最佳解。

如果你的產業符合以下四個特色，那麼「制服」是再適合不過了：

1. 希望員工形象成為公司 CI 的一環。
2. 員工需要制服賦予其高度專業權威，如保全／醫療／金融業。
3. 需要高辨識度，讓客戶需要時能立即找到同仁，如服務／零售業。
4. 需要達到更高的安全控管考量，如運輸／營造／製造業。

以下整理出四種穿著規範的表格，方便你比較並做出選擇。然而在進入這份表格之前，我想先做一下總結，也做為你決策的參考：每個人的穿著都有「團體認同」與「個人認同」兩個層面。如果你認為你的企業文化中，個人認同是最為重要的，那麼「完全無規範」或「地雷法」是不錯的選擇；若個人認同與團體認同同等重要，不妨採用「Dress Code」；而若你的企業文化中，團體認同的重要性明顯大過個人認同，那麼制服可能是更好的作法。

完全無規範／地雷法		
Dress Code		
制服		

■ 個人認同　　　■ 團體認同

領導者 Notes ▶ 要員工遵守穿著規範，領導者請身體力行

　　別忘了，在你頒布穿著規範後，員工都睜大了眼睛在觀察：領導者會怎麼做？

　　你的言行一致嗎？是否要求員工好好穿，自己卻反其道而行？如果員工穿著不符合穿著規範的服裝來上班，管理單位會糾正嗎？如果不會，是否就表示：穿著規範只是一時興起的策略，老闆並不真的重視這件事情？

企業穿著規範比較表

穿著規範	完全無規範	地雷法	Dress Code	制服
公司規範	無	低	中	高
員工自由度	高	高	中	低
管理難度	高	中	低	低
風險	高	中	低	低
品味成效	參差不齊	低	高	高
優點	· 領導者初期不需花力氣 · 自由度高 · 創造自由文化	· 可迅速解決特定問題 · 自由度還算高	· 員工容易遵循 · 員工自主性高 · 容易管理稽核	· 員工容易遵循 · 容易管理稽核 · 可立即辨識 · 員工治裝負擔輕 · 形象風險低
缺點	· 風險高 · 形象參差不齊，甚至產生劣幣驅逐良幣效應	· 容易被鑽漏洞 · 需不斷因應新的地雷更新規範	需要花時間溝通教育	需提撥制服設計與製作的成本

「易子而教」請外部顧問訓練

最後，我想談一談員工穿著的「品味」。品味這件事情是很難規範的，如果你看到員工穿著不得體，或許會開口要求，但當你注意到員工穿著「品味」不足時，能夠直接告訴他「你的穿著不夠有品味」嗎？我想，許多領導者是想講卻不敢講，或不知道該怎麼講才好的。在Q3中我們提過：當員工因為外表形象不佳而影響升遷時，85％的老闆不會直接告訴員工，而這還只是廣泛地針對「外表形象」，包含個人整潔、正式度、得體度……的討論而已。如果是涉及「品味」的討論，我相信有勇氣直接與員工溝通的老闆恐怕更少了。

這是因為品味牽涉到一個人的美學涵養，而美學涵養又與跟其出身背景、家庭文化和學校教育有密切關係，因此要求他人的品味，似乎是一件敏感又失禮的事。此外，穿著品味對一般人而言是主觀且抽象的，許多人都曾經給予回饋，卻被認為只是個人主觀感受；或者說了想法，卻給不出具體的建議，所以很多老闆雖然「看不過去」員工的品味，很多客戶雖然覺得業務的穿著有待加強，最後還是選擇隱忍不說。

但是，不開口不代表不在意。許多人（特別是視覺型的人）雖然嘴巴上沒提，卻看到一次、介意一次，長久下來真的是會「內傷」。這時最好的方法就是：交給「外人」來講吧！孟子有云：「古者易子而教之；父子之間不責善，責善則離，離則不祥莫大焉。」畢竟你們彼此之間來日方長，這種講了可能會傷感情的事，不妨委託外部顧問／訓練師進行教育訓練。必須注意的是，你要十分確定此顧問／訓練師可以了解你的企業文化與你的領導期許，並依此來引導員工，才不會造成將文化「帶歪了」的狀況。

除此之外，即便你委託外部顧問／訓練師，也不是全部交給他們就會一步到位。在訓練結束後，需要有持續追蹤機制，切實確認員工不只「知道」也「做到」，之後成為全員的「共識與習慣」。而若公司領導階層無暇稽核，也可以將追蹤驗收的工作委託外部機構進行，千萬不能訓練時風風火火，實際應用時卻馬馬虎虎。

總歸而言，**告訴員工要穿什麼，是領導者的義務也是責任**。雖然崇尚自由是人的天性，但是適度的限制，往往能幫助人更有創意、更有效率，而要選擇哪一種規範方式，端看你的企業文化與公司特質而定了。

附錄 · 破除制服的六大迷思

如果你已經決定自己的企業適合採用「制服」穿著規範，在著手規畫之前，不妨參考以下關於企業制服最常見的六大迷思，讓你提前避開地雷，最大化制服的效能！

迷思一：每次做制服員工都會抱怨，不如就讓他們自己投票吧！

身為領導者，為企業選擇能夠忠實傳遞企業文化的制服是你的責任。把這份重責大任交由員工投票表決，不是還政於民，只是推卸責任而已。畢竟，員工的考量點跟你是不同的，或許員工在意自己個人對制服的喜好，與此同時，你需要看的卻是整家企業的形象輪廓。因此，即便你的領導風格開明民主，在制服這件與企業形象有關的事情上，請你還是要適度的「獨裁」才好。

迷思二：制服應該永不更換／制服應該經常更換

我遇過企業二、三十年都沒換制服，產品都已經推陳出新到第 N 代了，制服還是老樣子；也有每兩年就換一次制服樣式，頻率比總統選舉還要頻繁的公司。然而這樣會導致什麼結果呢？歷史悠久的制服，固然能襯托出「老字號」的氛圍，但是若與新產品／新理念不符合，就無法發揮 1 ＋ 1 ＞ 2 的綜效效應；而制服更新頻率過高，不斷推出風格完全不

同的制服固然有新鮮感，但是對於公司形象的延展性卻沒有助益。

對於什麼時候該更新制服，我的建議是：當企業形象或產品有所革新時，就要考慮更新制服。此外，除非有特殊考量，否則不妨將制服更新視為成功的「微整形手術」──不是把原有的外貌打掉重練，整形完之後認不出是同一個人，而是以原有的長相做為基礎，融合現階段的需求進行微調：讓企業仍然是那一家企業，只是不知為何變得更吸引人了！

迷思三：只要制服本身好看就好

成功的制服，「好看」只是第一步。對制服而言，比「好看」更重要的是能符合社會對此企業的期待、此企業的特質與企業想傳遞的訊息（也就是將 Q9 中的「形象策略三圓圖」應用在企業身上）。

再者，所謂的好看，並不只是款式本身好看，而是適合大多數員工的年齡、體型、工作模式，讓每個人穿起來都好看。此外，還需要考慮到員工穿著制服穿梭在工作場所是否能與建築空間協調，拿著產品時的樣子好不好看⋯⋯這些要素都會影響制服的「好看」程度。

迷思四：設計圖好看，做出來就一定好看

要將制服從設計化為真實，關鍵在於精湛的打版與精良的製作，而為了抓出最適宜的版型與比例，我的經驗是，打版過程至少需要三次的調整。至於製作，更需要選擇技術成熟且可靠負責的廠商。或許你會擔心不知道如何判定打版技術與製作品質的優劣，然而你大概可以推斷：有「職人精神」、對成品吹毛求疵的廠商，其技術與品質多半不會太差，不妨將

此做為參考指標。總之，設計圖好看，不保證成品漂亮，唯有堅持不在打版過程中放水，不在製作上馬虎，才可能催生出最好的制服！

迷思五：制服不合身是正常的

相對於一般服裝注重顯現「個人美」，制服強調的則是在「團體美」中展現「個人美」。由於制服製作流程中難免會有量身與剪裁的誤差，所以員工在拿到衣服時常常是很「驚恐」的，各種諸如太大、太小、太長、太短的抱怨，不僅會在團體中造成不必要的低落氣氛，而若真的將這樣的制服穿出來亮相，對企業形象更是一種傷害。因此，在制服製作完之後一定要「試衣」。在我的經驗中，大部分的人穿著制服都需要經過修改的程序，只是修改程度多寡的差異。如果想要有效率的修改，成功關鍵就在於「員工自己需要知道該如何修改，要改哪裡」。所以在試衣之前，我會先展開員工教育訓練，告訴員工制服的原始設計與理念，是要穿出寬鬆的氛圍？還是需要合身的俐落感？並更進一步說明期待的衣寬、肩寬、袖長、裙長、褲長等細部比例，如此才能夠真正統合出企業所要傳遞的形象。

譬如 LEXUS 汽車在請我設計新制服時，強調希望服務人員能流露出時尚、俐落、敏捷的氣質，因此我在教育訓練時，就會以此為基準來強調制服的修改標準。例如：男士襯衫的衣寬單邊可抓出 5 公分的合身度、肩線正好在肩膀骨上，袖長在手腕骨下一英吋。有了這些明確、可遵循的準則，員工就能順暢有效率地跟廠商溝通，修改出良好的合身度，讓制服詮釋出了 LEXUS「專注完美，近乎苛求」的品牌精神。

迷思六：制服做好後，直接發下去給大家穿就可以了

制服並不是做好就一勞永逸！直接發下去給大家穿，你會發現大家開始「創意無限」，各自發明稀奇古怪的搭配法，導致雖然穿了制服，卻難以呈現整齊劃一的視覺印象。

這時如果能制定「制服 Dress Code」，就可以讓同仁完全了解制服的設計精神、穿法、搭配與配件選擇，迅速有效解決「穿了制服，形象卻七零八落」的狀態！有了制服 Dress Code，不但讓現有員工能將制服穿好，未來的新進員工也能快速了解並穿出制服的「原味」。當然，它更是領導者最有效率的管理工具。

像台灣高鐵在制服上就深具前瞻性：高鐵通車前，他們不僅延請名設計師陳季敏設計了以橘色為主調、大方美觀的制服，制服製作完成之後更未就此罷休，緊接著請我以陳設計師的制服做為基調，訂出清楚的制服 Dress Code：包含名牌的確切位置、眼影和口紅需要是同一色系（避免與服裝中的橘色衝突）、長髮同仁需綁高馬尾（強調俐落、速度、活力感）等。

要藉由制服來強化、呼應、塑造企業形象，這其中歷經的時間與心血都是值得的。我常問企業主：你希望制服最後帶給大眾的印象是「制服很讚」、「這家企業的員工穿著制服很讚」，還是「這家企業很讚」？我相信大家都會同意，最後希望達成的目的還是「這家企業很讚」。因此，制服絕對不只是「做衣服」這件小事，而是攸關「企業形象」的大事！盼望在未來，能看到更多美觀、實用，且能充分彰顯品牌精神的制服，這樣的制服，必定是一家企業最好的廣告！

績效達標
領導者是超級演員

「遭遇困難時，我會穿上最好的服裝、把鞋子擦亮，
這可以幫助我度過不順心的一天，告訴自己：
就算我內心一團亂，只要外在狀態很好，任何事都會沒問題的。」
—知名設計師、電影導演 湯姆·福特（Tom Ford）

天生不強勢，
也能展現領袖氣場嗎？

　　你認為領導者一定要有權威感嗎？在你眼中，權威感的定義又是什麼？要有權威感，難道一定要霸氣強勢，讓人望而生畏嗎？

　　在討論之前，讓我們先思考一下：為什麼領導者需要權威感？

領導者與權威感的關係

　　談到領導者與權威感的關係，或許可以追溯回我們老祖宗的時代。當人類還在茹毛飲血的穴居時期，人們每天面臨的抉擇不是今天該走路上班還是搭捷運，不是咖啡該點拿鐵還是卡布奇諾，而是：當圍捕獵物時，是要正面迎擊，還是設陷阱誘捕？當風暴來臨，是要讓族人躲進洞穴中以有限的食物捱過寒冬，還是堅持組織壯丁頂著風雪出外捕獵食物，以求家族永續生存？

　　如果沒有權威感，要付出的代價可能是生死存亡。因為猶豫不決，所以錯失擊殺獵物的好機會；因為舉棋不定，因而延誤了採集食物的時機；因為指揮不彰，讓家人暴露在生命危險中；因為執行不力，導致孩子沒能

捱過漫長的冬季。

而若這個原始部族當中出了一位有權威感的家長，這個部族就有救了！因為這位家長能夠縮短猶豫或拖延的時間，快速讓群眾服從指令，並且付諸執行。因此，無論是獵物的選擇、面對天候變化的對策，甚或面臨敵對陣營的攻擊，他都能有效率地帶領部族成員們，執行對當下而言最好的決定。

「權威」，不等於「強勢」

權威感的力量就是如此強大。**一位領導者是否擁有足夠的權威感，不僅影響他領導的成效，更足以決定其團隊的命運。因此無論古今，權威感都是每位想帶領組織成長、前進、茁壯的領導者必須具備的能力。**然而，要有權威感，難道非得要讓自己看起來很強勢嗎？事實上，強勢只是權威感的「其中一種表現型態」，並不能代表其全貌。權威感真正的意義，是「我說了算」，讓別人不會討價還價的影響力與特質。大家之所以會把「權威」和「強勢」畫上等號，就是因為「個性權威」是我們生活中最常見，也最容易想像的一種權威感表現形態。

或許你周遭也有這樣的朋友：他們的思考與行事皆直接了當，對自己的想法深信不疑，並且堅持其他人也要遵循自己的想法。他們十分目標導向，一旦確立了目標就會勇往直前，並要求相關人士遵循，因其天生強大的氣勢，大家也多半會聽從其指令、順服其指揮（儘管順服的原因不一定是同意他的看法，而可能是害怕衝突，或只是為了避免更多的麻煩）。擁有個性權威的人，即便沒有世俗的領導者頭銜，對身邊的人仍有著強大的

影響力；而若是他因緣際會被賦予了「職銜權威」，那麼此人往往能成為很稱職的管理者／領導者，做決策、下命令、盯績效皆如魚得水，散發渾然天成的權威感。

如此看起來，一個人是否具備天生的個性權威，似乎比他被賦予的領導頭銜，更能決定此人能不能成為名副其實的領導者。這是否也意味著，就算一個人擁有老闆的頭銜，個性卻溫和客氣，他便注定無法發揮領導效能？當然不是。正如前面所述，個性權威只是權威感的其中一種表現形態。職銜權威加上個性權威，固然是很好的組合，但並不是唯一的組合。

個性不強勢者，如何展現權威感？

如果你身為領導者，但天生缺乏個性權威，不妨運用以下我將分享的三種權威表現形態：專業權威、遠見權威與使命權威。這三種權威表現型態，再加上職銜權威，往往更能以柔克剛、服人服心。而已經具備個性權威與職銜權威的領導者，若能再加上此三種權威表現形態之一，即能將你的領導從配合順服的「霸道」，帶往心服口服的「王道」。

以下，就讓我們以三個實際的故事來理解，何謂專業權威、遠見權威、使命權威。

專業權威：成為專家中的專家

在我的學員中，有些人個性溫和，雖然掛了領導者的頭銜，卻不知道如何發揮權威感，讓管理很辛苦。這總是會讓我想起李安的故事。

我曾讀過李安導演的訪問，當中有一句話讓我印象深刻，他說：「尊敬

是『掙』來的。」當時的他在英國拍攝珍‧奧斯汀（Jane Austen）名著《理性與感性》（Sense and Sensibility）的改編電影，這是史上第一次由東方導演來執導英國經典文學作品。劇組成員中不但眾星雲集，且都是硬底子：不是牛津、劍橋等名校畢業，就是皇家莎士比亞劇團的資深演員，各個學識淵博、伶牙俐齒，且經驗豐富、意見多多。置身其中，李安形容自己對英國文學與文化的了解都「落後眾人三十年」。然而面對他們的挑戰，他並未就此亂了手腳。除了投注心力研究原著、歷史細節與價值觀之外，更在拍攝每一場戲前，把準備做得更加透徹，包含人物情緒的分析、走位的安排、攝影機滑軌怎麼走、燈光怎麼打……等種種細節，都計畫了再計畫，推演了再推演，並且一一向劇組人員們解釋、帶領他們執行。❶ 最後，李安對專業的極度自我要求，贏得了這群自傲自信的電影人們從心而發的尊敬。

李安不是一個個性強勢的人——即便他想強勢，當時的情境也不允許他用強勢的方式逼大家乖乖就範。然而他很有智慧地透過「專業權威」，逐步贏得大家的尊敬、信賴與跟隨。

如果你像李安一樣，不是個性強勢的人，要你「用頭銜壓人」恐怕也不是一個輕鬆有效率的方式，相對而言，以「專業」服人可能更適合你。要以專業服人，你必須把專業磨練到一個程度，計畫縝密到一個程度，讓你無論面對什麼考驗，都能說得出見解、拿得出辦法。甚至可以這麼說：光是專業，是不夠的。**要以專業服人，你得成為專家，甚至是「專家中的專家」，方能「掙」得大家的尊敬，進而成為名副其實的「領袖」。**

---

❶ 有興趣的讀者，可以參見《十年一覺電影夢》（作者：張靚蓓）

遠見權威：讓大家看見未來

如果你聽過賈伯斯的演講，大概很難不被他睿智而富遠見的話語折服。賈伯斯的權威感也不只是來自於他的職位，更是來自於他的洞見，也就是遠見權威。

遠見權威的魅力在於：讓大家看見未來，而這份未來不只是美好的想像，更是可行的現實。**一位有遠見權威的領導者，能夠透過他的智慧與洞見，開拓大家的視野，為眾人擘畫出一種新的可能性，並透過清楚有邏輯的方式，精準有力地表達出來，進而提供方法，帶領大家逐步實現理想**，這樣的領導者即便不強勢，仍然能夠吸引人追隨。

要如何提升自己的遠見權威？除了累積經驗與學識之外，最直接的作法是：改變表達方式。你或許也曾遇過一些人，總是有辦法把複雜的主題解釋得條理分明，聽他們說話就像在看一張整理得簡明易懂的表格，或是標示清楚的地圖，讓人能快速了解吸收。你也可以這麼做：將腦中的想法用清楚、邏輯的方式表達出來，一席話中不僅指出了方向，引領大家的思維，也說服大家產生行動，而這，正是建立權威感最大的目的！（更詳細的舉例與具體操作方式，可參見 Q6）

具有遠見權威的表達方式是領導者們一定要練就的，它不只能優化溝通效率，並且能大幅降低話語在未被完全理解之前，就被當成指令執行的風險。

使命權威：無我之我，方為大我

「使命權威」也是一個令人信服的權威表現形態。**使命權威的特色在**

於要求他人時，以強大的使命感將目標與「大我」連結在一起。例如不說「我想請你做這件事」，而是「為了組織，請你做這件事」。我畢業自輔仁大學織品服裝系，所有校友都對創系的「輔大織品之母」羅麥瑞（Maryta Laumann）修女敬佩有加。已年屆八旬的她，五十多年前就從德國遠赴台灣，並在輔仁大學創建了台灣第一個織品服裝系，無私奉獻大半生，就是為了將台灣的紡織業帶動起飛，期間更催生了服飾及飾品標示基準法，並致力於保存傳統服飾文化，捨己為人的奉獻精神獲得大家的尊敬與尊重。

羅修女話不多，也很少談細節，但是她的使命感總是能影響周遭的人一起為目標努力。記得剛回國那年的某個深夜十一點，我接到一通電話，羅修女問：「陳老師，可不可以來輔大，為台灣織品服裝界奉獻？」於是我就這樣在輔大兼課了十二年。

最後，除了這三種權威感的表現形態之外，容我談一下「品格權威」。在人生中，我們常為自己的能力與成就感到自豪，諸如為自己的專業能力、談判功夫、精湛廚藝、爬過百岳、是三鐵冠軍……而深感驕傲。然而，卻非常少人會以自己的「品格」為榮。在這裡，我想推薦你培養自己的品格權威，因為品格是領導者良心的基石，唯有行事符合自己的價值觀，方能在成就大業之後，還能仰無愧於天，俯無愧於人。不妨自問：有沒有什麼價值觀，是你萬一失去了會覺得很羞恥的？這份價值觀，可能是對朋友的仁義、是對公司的忠誠、是公平正義、是正直誠信、是大公無私……**當你建立起自己的品格權威，找出自己所堅信的價值觀，做自己感覺對的事，這會讓你無論人生際遇如何，都能真心地尊重且喜歡自己。**

此節到尾聲，你大概已經豁然開朗：權威，不必然是強勢的。甚至可以這麼說：天生的個性權威，只是「入門」等級的權威，讓領導者擁有最基本的推動力。然而，無論一位領導者是否有個性權威，只要再加上專業權威、遠見權威與使命權威其中之一做為後盾，影響力就會扶搖直上。因此，不要再覺得自己因為個性限制，而與權威無緣了。只要用對方法，再加上適度的訓練，就能將自己的權威感與影響力極大化！

　　至於權威感要如何透過穿著、肢體語言與口語表達技巧，全然發揮出來？關於穿著請參見 Q4，關於肢體動作請參見 Q5，關於口語表達技巧，Q6 有更完整的說明。

必須發號施令、
要求員工、嚴正警告的時候，
要怎麼展現權威？

Q13

發號施令，大家還是不動？三番兩次要求，員工卻不聽？想針對某些事情發出嚴正警告，一定要「發火」才會有效嗎？

戲劇系畢業的同事心怡，常跟我分享她學生時代學習表演的趣事。有一次，在表演課的期末呈現上，某位同學為了演一個醉漢，特意在呈現前把自己灌到茫了才上台。只見他在台上神智不清的發酒瘋，說話顛三倒四、口齒含糊，讓搭檔演出的同學不知如何是好，整段呈現也一塌糊塗。

演出結束後，老師很嚴肅地說，帶著醉意上台不僅不尊重自己，不尊重對手演員，也不尊重觀眾。因為這已經不是表演，而是一場失控的秀，身為演員，當你失去控制自己的能力時，也就失去了把表演好好完成的可能性。老師進一步告誡大家，即使依照劇本，你需要在台上演出醉酒、暴力、色誘……的場面，但千萬不要忘記，這些都只是手段，只是為了完成目標的手段，千萬不要誤將手段當成了目標，而沉浸在酒醉、憤怒或情慾當中。

我很贊同這個說法：要領導別人，發火的時候不能發火；只有不發火的時候，才能發火。

這個說法乍聽之下很玄，但仔細一想，卻有其道理，並且與那位老師的教導不謀而合。畢竟當自己被憤怒的情緒淹沒時，連自己都滅頂了，怎麼可能有能力領導他人？這時，往往容易口不擇言而說出爆炸性的話語、做出毀滅性的行動；唯有先平靜下來，回歸到明淨純粹的自己，才能把一齣發火的戲演得出神入化。

「發火」是每位領導者都要會演的戲碼。當你的目標是傳達自己的不悅、發出嚴正警告，或想告訴大家「此議題沒有第二條路，也沒有協商空間，不要多問，做就對了！」時，就可以運用此策略。當然，所謂的發火不一定要是原子彈等級的大爆炸，也可以是安靜穩定的火。你需要依據自己的個性、溝通的對象與主題，來決定發火的策略，然而無論你的火有多大、如何展現，都可以依循以下準則，讓你的火發得有效、發得精準、發得值得：

經過精鍊、直接肯定的話語

無論是發號施令、糾正不當行為、勸戒警告，想讓自己的話語有效，就需要經過「精鍊」。所謂精鍊，不只是沒有贅字（例如然後、那、對、啊、所以、就是等），也要去掉無實質意義、只有「修飾」功能的詞語，例如可能、盡量、麻煩、如果可以的話等。範例如下：

這個做法**可能**不錯，可以試試看。

→這個做法不錯，可以試試看。

因為案子需要**盡量**在明天中午之前完成，**如果可以**的話，現在就**麻煩**大家開始吧！

→案子需要明天中午之前完成，我們趕快開始吧！

這種「直接肯定」的說話方式，介於「敘述」和「命令」之間，你會發現，當要求少了迂迴、包裝與不必要的解釋，變得快、狠、準的時候，不僅不會像預期般地引起反對，反而能讓人立即採取行動。

畢竟，你是來當好老闆，不是來當好人的，所以該做的事就要做，沒有什麼好客氣的！從今天開始就訓練自己，讓你的話語從迂迴婉轉，變得精鍊直接，如此微小的改變，就能讓你的指令變得更有效。

刻意「強化痛苦」

想像一個情景：孩子上學忘了帶作業，打電話哀求爸爸媽媽幫忙送到學校來。如果你是家長，會幫孩子送嗎？

有人說，會，不然孩子會被老師處罰。

有人說，不會，因為要讓孩子學會為自己負責。

無論你的選擇是什麼，我想你一定同意：如果孩子發現沒帶作業也不會怎麼樣，自然就不需要努力養成「自己整理書包」的習慣了。相對而言，若孩子知道忘記帶作業的後果很嚴重，其自動自發檢查書包、準備周全的

機率一定會高出許多！

　　對待孩子如此，對待屬下亦如是。自古嚴師出高徒，身為領導者的你，要求績效、糾正缺失不但是基本責任，也是重要的能力。然而，如果再三要求糾正卻不見明顯的改善，問題可能就出在「要求的方式」。

　　現在請回想一下你最近一次要求員工的具體事件，檢視你的要求是否已涵蓋了以下五個部分：

1. **具體指出錯誤，告訴對方哪裡做錯了。**

2. **如實地表達自己的感受，不誇大也不打折，有多不滿意，就告訴他你有多不滿意。**不要去包裝你的焦慮、修飾你的擔憂，或試著用含蓄的方式表達你的失望。或許在潛意識內，我們都不願意成為一個不開心的領導者、一個不滿意的老闆，但是如果你內心就是已經感受到失望了，為什麼不能讓對方完整、充分地感受到你的失望呢？並且，若你能在感到失望時，立即將自己的失望之情「傳」給對方，讓對方清楚明白地收到，你的失望就會自然卸下了；然而如果你雖然失望卻隱忍不說，不就名副其實地成為一個不開心的領導者、不滿意的老闆了嗎？

3. **製造不愉快的沉默！**強化這份痛苦，讓空氣中尷尬的氣氛去擴散、去發酵，讓對方去經歷那份不適感。此步驟非常重要，一定要忍住不隨便帶過。不要因為害怕對方尷尬，而在他還沒有機會感到尷尬之前，就先幫他「預防」了尷尬的局面。畢竟若對方沒有經歷過情緒的低谷，就不會學到教訓，無法打從心裡決定下次絕不再犯。

4. **鼓勵對方，肯定他的專業或他所做的正面行為。**強調你的不滿意只是針

對單次狀況，並非否定他的整體表現或者他這個人。

5. **用「你們之間共同的美好未來」做為結束，並以適度的肢體接觸表達你的真誠，以及對他的重視。** 之所以一定要提到對未來的承諾，不僅是為了解除他的擔憂（不會覺得自己即將丟飯碗了），也是讓他了解：你之所以直言不諱，是為了更好的將來。

　　例如，當員工在簡報時批評競爭者，在事後檢討時，你可以這麼說：

1. 你剛剛做簡報的時候，在言語上面批評了我們的競爭者，我認為這是不恰當的。

2. 這件事上星期會議時才溝通過。商業上的競爭有實際的數據可以證明，只要把具體的數據做比較，並加以說明就可以了，不需要言語上多加批評，這會降低了我們公司的格調。

3. （製造不愉快的沉默，沉穩呼吸，表情嚴肅誠摯地看著他，至少駐留五秒鐘。）

4. 我肯定你的努力與專業，也肯定你想爭取到這個案子的決心，但是還是要注意儘管競爭激烈，也不能口出惡言。

5. 加油，我相信你不會再犯了，這個案子再加把勁，你一定沒問題的。
　　（輕拍肩膀，誠摯溫暖地看著他）

　　當你能透過「強化痛苦」，幫助對方產生決定改變的念頭時，你也就正在幫助他建立「看到缺失→努力改過→看見進步」的良性循環，之於任何人，這都是最大的鼓舞。然而要刻意「強化痛苦」，你的要求一定要包

含以上五個部分，才會生效。不要覺得這麼做很殘忍——適時地讓對方體驗痛苦，不是殘忍；為了怕他尷尬（或為了避免自己因「目睹他尷尬」而尷尬），而把對方學習成長的機會硬生生地奪走，這才是真的殘忍。畢竟，如果當員工每一次遇到成長的機會，你都因為怕他尷尬（或怕自己尷尬）而放過他，雖然表面上看起來相安無事，卻是一次又一次與磨練進步的機會失之交臂。長期下來，此人將漸漸成為食之無味棄之可惜的平庸之才，不僅是他的損失，也是公司的損失。

領導者 Notes｜不放任小症成為大病

想像你是一個掌管產線的工程師，當你發現產線上有哪一台機器運作得不順暢，儘管只是很小的問題，你也會立即排除，因為你知道：如果對小問題坐視不管，後續必定會引起更大的問題。對屬下的要求亦是如此：當你察覺哪一位同仁的工作方式，紀律或價值觀開始有點「歪」了，請務必在情況還只是小「症」的時候，就透過適當的要求與告誡，為他排除問題，而不是睜一隻眼閉一隻眼，讓同仁誤以為你並不在意，而放任小「症」演變成大「病」。

此外，不只是領導者自己要這麼做，也需要要求（必要時也要教導）麾下的經理人們這麼做。一來，能夠趁早發現問題並且協助對方改善，是個人生涯發展非常重要的能力；二來，唯有經理人們都具備防微杜漸的思維，此思維模式才有辦法落實到第一線，甚至從內部溝通，擴展至與廠商互動

的場域上。當整家公司的經理人們都有這樣的共識，能主動把自己當成掌管產線的工程師，整體的運作就會愈來愈順暢，而這就是管理的最高境界：「不管理的管理」了。

穿好你的戲服！讓發號施令更有效的穿著策略

以下這些服裝元素，能夠加強不容妥協的權威視覺印象，將它們運用於穿著中，能讓你更有權威感：

- **深藍色是領導者的西裝色彩首選。** 因為它在權威中帶有堅守傳統價值、保守、嚴肅、務實、執行力強等訊息，非常適合展現魄力的領袖穿著。

- **一定要有西裝外套。** 如果場合真的不適合穿西裝外套（例如視察工廠），也要穿剪裁合身、質感佳的外套如夾克。特別是女性領導者——由於社會框架使然，女性在先天上較不容易展現權威感，因此更要提醒自己：一定要穿西裝外套。

- **避免看起來太好說話。** 如果你眼神柔和、雙眼距離較寬、娃娃臉或總是笑臉迎人，容易給人「很好說話」的印象，不妨配戴眼鏡，會讓自己看起來更穩重大器、精明幹練。

- **避免可能會引起反對的元素。** 當你預期對方可能會有不滿的情緒時，勿穿如皮衣、動物紋、鉚釘等容易引起反對感受的服裝元素，以免造成「火上加油」的效果。至於色彩則需要避免紅色，因為紅色是鮮血的顏色，在色彩心理學上帶有「危險、衝突」的暗示，容易激起反抗或防衛之心。

刻意的格格不入

　　如果你常看 NBA 籃球賽，對於教練的穿著一定不陌生。你會發現，無論春夏秋冬，當正式比賽時，儘管球員都穿著運動服，場邊的教練一定西裝筆挺。明明是運動比賽，卻穿著商務西裝，不會很格格不入嗎？

　　對，是格格不入，並且是刻意的格格不入！NBA 之所以規定教練穿西裝，不是因為中年發福的教練穿西裝比穿運動服好看，也不只是為了要讓教練在電視轉播中，不跟球員混淆。他們之所以這麼做，有更實際的隱性理由，那就是在最短時間內塑造出教練的權威感。想想，這群球員們各個都人高馬大，其中更不乏國際明星，要如何讓他們在最短時間內聽從教練的指揮？透過穿西裝，就能夠立即創造出「服從指令」的氣氛。（綜觀社會上舉凡需要讓人立即「服從指令」的專業人員──如軍警、醫護等──都會需要穿「制服」，就是因為這個道理。）

　　然而，如果企業文化扁平、開放、透明，領導者也需要刻意「格格不入」嗎？

　　在我的領導者魅力課程中，有位身為企業第二代的學員分享：「在台北總公司上班時，我都穿得很專業。幾年前，我被調去大陸管理工廠，一開始大家都很尊敬我，但是總覺得有點距離感，於是我為了消除自己和大家之間的隔閡，漸漸把西裝褲換成牛仔褲，把高跟鞋換成球鞋。直到有一天，我發現：當我給予指令時，員工居然會直接反駁！這在我心

中敲響了警鐘：即使我是接班人，員工也知道付薪水給他的是我父親，但是他們並沒有把我當成老闆，或未來的老闆來看待。」

　　我告訴這位學員：不要懷疑，你跟員工就是需要不一樣！即使公司中有著「大家都是一家人」的文化，仍然需要看得出誰是「家長」──此家長儘管要融入群體，卻不能隱沒其中。因為當家長完全隱沒在眾人之中，和所有人都沒兩樣時，發號施令當然就會無效了。特別是當你的家長權威尚未建立起來的時候，更要有紀律地透過服裝，來協助自己強化家長的權威感，成為名副其實的家長。

有權威感的人，如何讓自己看起來溫暖一些？

　　請檢視一下你身邊是否常發生這類事：與其說你的員工「尊敬」你，不如說他們是「畏懼」你？當你想徵詢意見時，你的員工總是不敢直言進諫，對你說出不好聽的實話？你因為權威感太強，即使團隊中其他人都不同意你的看法也不敢直說，等到案子失敗了才聽到耳語，「我早就知道那個計畫行不通，但老闆都這麼說了……」？

　　如果這是你正在面對的情形，問題可能出在「親和力」。

　　身為領導者最大的寂寞，就是位子愈高，愈少人願意告訴你真話。雖然「高處不勝寒」，然而對於一位有親和力的領導者來說，即便位居高處，仍然可以是很溫暖的。**如果說權威是「把事情搞定」的關鍵能力，親和，就是「把人搞定」的關鍵能力。**若一位領導者只有權威而缺乏親和力，雖然能夠帶兵，但往往難以交心；然而，一位權威與親和力兼具的領導者，卻能讓員工在尊敬他之餘，也願意放心地對他說出真實的想法，也因此能凝聚更緊密的團隊默契，創造出開放自由的工作氛圍。

值得慶幸的是，如果領導者天生缺乏權威感，那是非練出權威感不可；但是如果領導者天生缺乏親和力，只要他身邊的親信中有人具備此特質，則還不算太致命。例如在一家家族企業中，若老闆本身很嚴肅，老闆娘最好就是一個有親和力的人，好讓高層有機會聽到來自第一線的聲音。但是，這並不代表老闆可就此高枕無憂了，畢竟身旁的這位親和人士總有不在場的時候，因此就算你平時不需要親自展現親和力，也不能完全不知道該如何展現親和力。

啟動親和力三大開關

　　以下我將與你分享三個「親和力開關」。無論你是天生嚴肅想加強親和力的領導者，或是已經很有親和力但希望能更收放自如的領導者，都可以透過身上──對，就在你「身上」！──的三個親和力開關，來運用、展現、鍛鍊自己的親和力：

微笑：雙眼微睞、露出牙齒

　　微笑，是啟動人際關係最好的見面禮。身為領導者，你可以有意識地提醒自己微笑，跟人打招呼的時候多一點笑容、傾聽的時候多一點笑容，這將立即在你身邊創造出友善溫暖的氛圍。至於要怎麼笑？我曾經擔任環球小姐評審，在評選過程中發現一件有趣的事：佳麗們回答問題時，每一位都會露出自己最美的微笑，以展現出親切感。然而，或許是緊張，或許是怕一笑皺紋就跑出來，許多佳麗微笑時只有嘴角向上揚，臉上其他部位則紋風不動，這讓笑容看起來美則美矣，卻少了溫度。後來我建議她們，

微笑的時候，只要雙眼稍微「瞇」起來一點，就能大大提升溫暖真摯的感覺了。（正在閱讀此書的你，也可以現在就試一下！）

而如果你想進一步展現熱情，則不只要笑，更要想著「露出牙齒笑」！因為當你心中想著「要露出牙齒笑」時，嘴角肌肉就會自動向兩旁咧開，自然綻放出笑容（注意到我用的詞是「綻放」嗎？），而這燦爛的笑容，可以大幅提升親和力。怎麼知道自己的笑「綻放」得夠不夠燦爛？邀請你做個自我檢視：面對鏡子露出牙齒笑一下，會露出幾顆牙齒？一般而言，只要上下兩排共露出約十六顆的牙齒（如果你笑的時候無法同時看見上下排牙齒，則只要上排能露出八顆牙齒就可以了），就能綻放親和力，並且當你露出愈多牙齒，所綻放出來的親和力光芒就愈強！

眼神：長度與強度皆剛好

在餐廳用餐時，不妨試著觀察其他桌客人，你會發現即使你聽不清楚其他人的對話，只要觀察他們彼此的眼神，與眼神交流的頻率多寡，就約略能推測出其關係、情感狀況與溝通品質——眼神交流，就是這麼重要。一般而言，要達到良好有效的溝通，眼神需要注意到兩個剛好：

- **剛好的長度**：要讓人感受到被尊重，對話中 60％的眼神接觸是必要的；若能把眼神接觸提高到 70％左右，對方則更能夠感受到你的重視與關懷。但是千萬不要從頭到尾「緊盯」著對方的眼睛不放，這樣反而會讓人感受到壓力。

- **剛好的強度**：如果你想讓人感到被重視，但不想造成對方壓迫感的話，與對方四目交接時請不要緊盯著對方的眼珠（這麼做不出十秒，就會

讓人喘不過氣來）。取而代之的是看著對方「左眼、右眼、鼻頭」三點連成的倒三角形區域。當你注視此區域時，眼神也會自動變得溫和，對方在感覺到你眼神的同時，不會產生被威脅的感覺。

身體：肚臍法則、前傾法則

讓我先與你分享建立親和力最基礎的「肚臍法則」：**肚臍之所向，就是心之所向**。此法則可以被廣泛運用在任何溝通場景中，操作方法很簡單，**只要你想做全然的溝通、想傳遞對他的關心時，就將自己的肚臍轉向他**。透過這一個小動作，就可以有效地幫助自己集中注意力在對方身上，同時也讓對方感受到你真心的交流與關注。

有了肚臍法則之後，如果當對方談到某個段落時，你感受到自己需要更專注或聽得更清楚，或想鼓勵對方繼續講的時候，可以加上「前傾法則」：將身體微微前傾，角度不用太大，只需要前傾五至十度就足以產生更親密的連結效果。

建議你一定要實際操作，體驗這兩個法則的強大效果！例如當你在電腦前工作時，有同事過來跟你說話，儘管只是一個小問題，也不要緊盯著電腦，頭也不回地回答；而是雙眼離開螢幕，身體微微轉向他的方向（肚臍法則），如果需要的話，也可以微微向前傾（前傾法則），如此不但有助於把事情溝通清楚，就連情感的連結都會更上一層樓！

以上三個開關，不僅能啟動自己的親和力，也會瞬間串起彼此之間的連結，只要有意識地練習、體會其中的差異，很快就能內化成自然。你會

發現，當你願意讓自己露出微笑、溝通時保持誠摯的眼神接觸，以及肚臍轉向對方、微微前傾，剛開始或許還會感覺刻意不自然，但幾次之後就會成為身體機制的一部份，只要「打開」它，親和力就會自然而然地流瀉而出。

傾聽的三個層次

當你已然啟動親和力開關之後，下一個挑戰是：如何進入對方的心裡。這時，你需要的就是「傾聽」。很多人在希望提升溝通素質時，都會針對口語表達技巧進行訓練，然而對於領導者而言，「聽」的重要性不亞於「說」，並且鍛鍊起來更不容易，畢竟說話往往關乎自己，而聽話則是關於對方。聽的能力正是如此重要，唯有當你透過全然傾聽，讓對方充分表達自己時，才能從話語中理解對方的腦，感受對方的心，進而適時提供有益的回饋──不論是理性或感性上的回饋──這時，你們之間的真實交流才真正啟動。而透過真心傾聽，對方會感應到你所付出的時間、關心和尊重，對於雙方信任感與親密感的建立，也有明顯的幫助。

然而，要成為一個好的傾聽者，難道表示隨時隨地都要讓對方暢所欲言嗎？那可不一定，畢竟你的工作是領導者，不是心理諮商師。與其把所有時間與精力都花在傾聽上，不如適時／適地／適人，有智慧地選擇傾聽方式，也就是傾聽的三個層次：「耳聽」、「心聽」與「氣聽」：

嘮叨碎唸，用「耳聽」

在傾聽經驗中，我們都曾碰過這樣的狀況：對方談的話題純屬嘮叨碎

唸，已經重複過無數遍了，實在沒有再度談論的必要，但是你又不能不讓他講。

針對這種情況，你可以採取「耳聽」策略：不需要對其話語進行分析，不需要去釐清他的邏輯、改變他的想法，更不要讓話語左右你的心情，只要扮演一個稱職的「通道」，讓他暢所欲言就好了。重點在於你需要「在場」，並讓他感受到你人「在場」，透過這個訴說的過程，對方往往就能夠被療癒了。

談事情，用「心聽」

當你需要傾聽與專業、理智有關，需要充分理解的主題時，就可以運用「心聽」策略。在此過程中，你需要對對方的話語進行理解與分析，聽出他所要表達的「義」，並透過「關鍵字」對焦，確認雙方之間達成共識。

具體作法是：在聽的過程中，要注意抓「關鍵字」，並且在對方講到一個段落時，針對此關鍵字再重複詢問確認，一方面避免遺漏或誤解對方的意思，另一方面讓對方知道你聽懂他想要表達的重點是什麼，如此能確保彼此的談話有交集，而不是二條毫無關聯的平行線。

之所以需要特別抓關鍵字，是因為人在談話的時候，常常是想到哪裡講到哪裡，雖然終究會透露出想要呈現的重點，但是其中卻摻雜太多的「雜訊」。然而請注意：如果對方尚未講到一個段落，不要急著打斷！特別是經驗豐富老到的人，往往聽對方起個頭就大概知道（或自認為知道）他要說什麼了，因此會直接打斷並給予回饋。然而，儘管打斷對方看似比較有效率，但是當你打斷對方時，其實也干擾了他思考的「流」，而你也

就失去聽到「他原本想要表達的想法」的機會了。當一位領導者權威感愈強，一來因目標導向所以沒耐性，二來因為備受尊重，因而造成的干擾程度通常也愈大，不可不慎。

談感受，用「氣聽」

最後一個傾聽策略，是「氣聽」。氣聽，不只是聽對方話語字面上的內容，更能感受到對方隱藏在話語背後的深層情緒，換句話說，氣聽不專注在「義」，而是「意」。

在領導者魅力課程中，我常邀請學員做「氣聽練習」，因為領導者們常感慨：管事不難，難的是管「人」。而處理「人」的狀況時，往往只要能夠理解對方的深層情緒，知道對方的「毛」在哪裡打結了，就能夠把它梳理開來；甚至有時候對方的真實情緒一被理解之後，不等外力介入就自然好了。因此，說「氣聽」是領導者必備的技能也不為過。

此練習的重點除了專心「聽」以外，更包含全然放下自己，把主導權交給對方。聆聽的過程中，心理沒有任何假設、期待、預設立場或批評論斷；不去想「我知道要怎麼解決」、「這件事就該怎麼處理」、「等一下我要說什麼」，而只是忘我、無我地去接受並感受對方給予的訊息。此時，就連附和都是多餘的，因為有時候（特別是對方很尊重你時）不論你的反應是好是壞，都可能會引導、甚至讓對方配合你的思緒，以致於後續對話與他原本想傳達的意念愈離愈遠，而你也就失去了了解他真實感受的機會。

「氣聽練習」的進行方式是這樣的：

1. 學員 A、B 兩人一組，各自有三分鐘的說話時間。

2. A 說話時，B 只「聽」不講，最多只能點頭回應。

3. 說完後，B 需把聽到的內容重複描述給 A 聽。

4. 若 A 覺得 B 描述得不完全可補充說明，B 同樣只聽不回答，之後再度說出他所聽到的。

5. 重複流程直到 A 認可 B 能完全描述出自己的想法為止。

6. 接著，角色對調再行練習。

氣聽，猶如將你此時此刻全然的關注，當作一份禮物呈獻給對方。曾有做完「氣聽練習」的學員向我反映：「從來不曾有人這樣聽我說話」、「能夠真正被傾聽讓我感動不已」；也有人表示在這一來一往當中，雖然彼此素昧平生，卻有如陳年好友一般的感覺。氣聽不花力氣，只需要你放下表現的欲望，將注意力放在對方身上，就能神奇地讓對方覺得溫暖、被理解、被接受。

領導者 Notes｜全然的身心準備，讓傾聽更有效

當你想要傾聽別人時，請先自問：我已經準備好了嗎？所謂的準備好，包括：

心理準備：當心中不平靜（例如擔憂或著急）時，先讓自己平靜下來再傾聽。

身體準備：太餓、太累、環境太吵雜、周遭太擁擠、衣

服不舒適、光線太刺眼……當身體不舒服時，是很難專注傾聽的，因此一定要先排除這些狀況。

　　態度準備：放下先入為主的成見，以一顆開放的心來聆聽對方的想法。

　　環境準備：創造一個能讓對方有安全感的環境。例如若談的是不適合被公司同事聽見的話題，比起人來人往的會議室，或許一起出去喝杯咖啡更好。此外，你也會需要盡可能降低干擾，例如把筆電螢幕闔上、把手機收起來或螢幕朝下擺放。

　　準備，不僅有助於溝通的品質，更能在自己與對方的心中下「專注的錨」，讓雙方都能正視、珍惜此次溝通的重要性。

　　最後，我想與你分享**親和力的終極心法：不是展現自己有多好，而是讓對方「自我感覺良好」。畢竟，人之所以會喜歡另一個人，與其說是喜歡對方，不如說是因為喜歡「跟對方在一起時的自己」**。因此，你不需要讓自己成為世界上最有魅力／最聰明／最專業的人，只要讓對方跟你在一起時，覺得自己是世界上最有魅力／最聰明／最專業的人就可以了！

穿好你的戲服！創造親和力的穿著策略

　　色彩，是最能直接影響情緒的服裝元素。因為色彩造成的視覺效應是很強的，看到不同的色彩能夠直接影響心理感受，並且不僅能影響「看到色彩的對方」，也會影響「穿著色彩的你自己」！因此在需要展現親和力

——不論是讓對方覺得你很親切，或是需要啟動自己親切的能量時，就可以運用以下色彩策略：

白色：無害，讓人感到放心

　　白色給人良善、開放、誠實、信任、乾淨，輕盈、無害的感受，能讓人放心、冷靜，同時也讓對方感到全然的被接納。上班時穿著漿挺筆直的基本款白襯衫能為你帶來上述正面的訊息，例如前美國總統歐巴馬就以數年如一日的筆挺白襯衫聞名。不過提醒你，由於白色的明度高，當你穿上全身白，很自然地就會成為全場注目的焦點。因此當你不希望成為注目焦點，或者該場合不適宜成為主角時，應避免穿「全身白」。

任何加上「白」的色彩：柔和、包容的形象

　　任何加上「白」的色彩，例如粉紅、粉藍等淡淡粉粉的色，都會在原有的色彩心理學基底上再加上柔和、放鬆、包容、開放的印象，因此能傳遞出親切的訊息。例如正紅色本來帶有熱情的意涵，加上白成為「粉紅色」之後，就能傳遞出「既熱情又溫柔」的感受；而正藍色象徵著知性，加上白後成為「粉藍色」，就帶來「知性又放鬆」的象徵。你可以針對溝通的目的，來選擇適合的淡色。

褐色系：展現友善，贏得信任

　　如同大自然中孕育著的無限生命，褐色與其相近的咖啡色、棕色、卡其色等，皆屬包容力極強的「大地色系」，象徵著平和、穩定、安全、質

樸、信賴，忠實的守候者，給人情緒穩定、親切包容的感覺。因此，當你想展現親切感、包容力時，如懇談溝通，或非正式的商業午餐／下午茶、商務社交或午餐會報，褐色系都能展現出你的友善、好相處、質樸，並且立即贏得信任。

我們常羨慕霸氣有權威的領導者，然而一位霸氣十足的領導者很好，但是一位既霸氣又溫暖的領導者，更好。願親和力成為你在領導上最大的助力，讓團隊不只崇敬你、服從你，更能全然信賴你、追隨你！

領導者 Notes ▶ **當你發現自己的穿著太權威**

　　當自己的服裝正式度與對方差太多，例如你穿著西裝、打著領帶，對方卻穿著 Polo 衫時，就會因為你的服裝氣勢比對方高出太多，而產生缺乏親和力的狀況。這時你可以把西裝外套脫下，拿掉領帶，甚至捲起長袖襯衫的袖子，就可以立即降低權威感，對方的防心也容易卸下來。

如何讓「說服」更有效？

　　任職於家族企業的 Jacky 告訴我：「每次到董事會報告，談創新、談數位轉型，董事們都聽不懂我在說什麼，我看他們是年齡太大，已經學不會新的東西了。」當時在課程中，我請他把報告的內容大致說一次，聽了沒多久，我就發現問題不是出在董事們身上。因為不只是我，連在場的其他學員們都聽不懂！我說：「如果一個人聽不懂，可能是他的問題，但所有的董事都聽不懂，那就是你的問題了。你沒有將所要傳遞的訊息『翻譯』為他們能理解的形式、在乎的角度，因此他們對你的創新提案不買單是理所當然的。」

　　面對現實吧：沒有說服不了的人，只有沒本事的自己。萬幸的是，只要掌握關鍵，成功說服的本事是學得來的。**成功的說服一定包含對的「形式」與對的「內容」。形式對了，對方才聽得懂；內容打中了對方的希望（也就是能幫助他完成夢想，或讓他遠離恐懼），才有可能讓他買單。**而當你的說服在形式上就出了問題，無論內容再好也是枉然。

　　以下就與你分享如何依據說服的對象，來選擇溝通的形式。我將他們

歸納成「門外漢」與「行家」兩種人，並訂出各自適合的溝通策略（至於要如何將說服的內容與對方的夢想與恐懼掛勾，進而引發行動，我會在 Q16 繼續探討）。

當你要說服門外漢：降低理解門檻

哥倫比亞大學商學院教授希納・伊恩加（Sheena Iyenga）曾進行過一項名聞遐邇的「果醬實驗」。這位教授與研究助理們在超市設立了果醬試吃小攤子，並暗中觀察人們的反應。他們發現，當人們經過提供 24 種口味的果醬的試吃攤位時，有 60％的人停下腳步試吃，其中有 3％ 的人願意購買。然而，當果醬口味的種類限縮至 6 種，雖然人們停下腳步的比率降低了——只有 40％的人參與試吃——但是實際購買的比率卻大幅提升，達到 30％！這個實驗告訴我們，儘管大量的選擇能夠吸引注意力，但是當需要作出決策時，選項少一點反而容易許多。❶

你或許也有這種經驗：每當申辦手機資費方案的時候，看到一整張密密麻麻的資訊，總是會瞬間失去判斷能力，只想請門市人員直接推薦最佳方案就好了。這時，他們通常會拿出一張表格，並勾選其中幾項，請你在這幾種方案當中做選擇——感謝老天，這樣選擇起來容易多了！

人，是有惰性的。除非對該議題有深入研究的熱情，否則大多數人在面對複雜問題時，天生的惰性總是會告訴自己：我沒有空、沒有力氣、沒有能力了解，而表現在行為上就是：遇到難題，先拒絕再說！

若你能將大段論述，拆解歸納為易讀易懂的條列式訊息，降低他人的

理解門檻——也就是為你的訊息製造「懶人包」——這絕對是好事一樁。以下為你介紹三種常見的懶人包形式，這三種懶人包不只可以單獨使用，若能靈活組合運用，威力更強：

視覺懶人包

最基礎也最常見的懶人包形式就是「視覺懶人包」，可以是投影片、實物展示、宣傳單、小冊子、板書等。公衛學家漢斯·羅斯林（Hans Rosling）是運用此法的翹楚，在 TED 網站上，關於他的介紹是這樣寫的：「在漢斯·羅斯林的手上，數據會歌唱！」他擅長將晦澀難解的資訊化為一場具象化、幽默有趣的秀，他會運用各式各樣道具與投影片的組合，例如用一個個紙盒來解釋人口結構的改變，用超巨型長竿來指出投影片上趨勢變化，搏君一笑的同時，也能讓大家迅速理解並接受他的推論。❷

無論是公眾溝通或一對一溝通的情境，你都可以運用視覺懶人包的概念，將複雜的議題化繁為簡。例如一邊講述事情的發展，一邊在白板上畫出時間軸；或是一面比較兩種方案的優缺點，一面在紙上以表格呈現出來。然而請記得，所有的視覺懶人包都是說服的工具，不是閱讀的材料。尤其是做簡報時，投影片內容務必要精簡，不要將所有說明文字及圖表都放在上頭，否則對方只會拚命閱讀，反而忽略你說了什麼。

---

❶ https://faculty.washington.edu/jdb/345/345%20Articles/Iyengar%20%26%20Lepper%20(2000).pdf
❷ TED 網站是美國非營利機構，召集科學（Technology）、娛樂（Entertainment）、設計（Design）等領域傑出人士，分享、傳遞他們的觀點。官網：www.ted.com。公衛學家漢斯·羅斯林的演說請見：https://www.ted.com/talks/hans_rosling_religions_and_babies?language=zh-TW#t-411530

此外在一對一溝通中使用書面資料時，建議你把「需要對方閱讀的地方」標示出來，並加以引導解說，以免讓人眼花撩亂，導致一看到密密麻麻的字就放棄閱讀。如果你要說服的對象視力不好，更要特別注意字體的大小——「字體點數跟年齡成正比」是一個蠻好的參考值，並且無論是投影片或書面資料都適用！

聽覺懶人包

除了視覺懶人包，你也可以透過述說的方式，快速有效地在聽眾的頭腦裡畫出表格！之所以強調「畫表格」，是因為表格理解起來，比起大串文字來得容易太多了。並且，當你在聽眾的腦中畫出表格後，無形中也啟動了他們將表格填滿的渴望，使他們更好奇且期待聽取你接下來的內容。具體的表達方法如下：

你　　：這個方案有三個好處。

聽眾：（在腦中畫出共有三格的表格）

你　　：第一是……

聽眾：（在腦中表格的第一格填入資訊）

你　　：第二是……

聽眾：（在腦中表格的第二格填入資訊）

你　　：第三是……

聽眾：（在腦中表格的第三格填入資訊）

你　　：關於這件事的重要性，我們可以從某某事件發生「之前」和「之後」來探討。

聽眾：（在腦中畫出兩個區塊，並分別標上「之前」、「之後」）

你　　：在那件事發生之前……

聽眾：（在腦中「之前」的區塊填入資訊）

你　　：在那件事發生之後……

聽眾：（在腦中「之後」的區塊填入資訊）

表演懶人包

適度的比手畫腳，能幫助觀眾的大腦更快理解、心更快信服。例如，講到「那件事發生之前」時往左邊走，但講到「那件事發生之後」時就走到右邊；講到「雖然可能會遇到『一點』挑戰」時，把右手拇指、食指與中指捏起來，講到「卻有機會帶來『巨大』的效益」時，把雙臂向兩旁張開；講到「我們要『加緊腳步』」時，手勢的節奏加快，講到「這件事『急不得』」時，手勢的節奏就放慢。

當你要說服行家：查核資訊、小心用詞、及時解結

當你預期要說服的人是一群行家（或自認為是行家）的人時，需要格外小心，避免資訊錯誤、有語病、用詞偏頗或是過度使用虛無縹緲的抽象字眼。這類人士天生就有「糾錯」的本能，因此萬一被他挑到你哪一句話講得不夠精準，他會自動被那句話「卡住」，心中開始辯證糾結，而無法繼續專注聆聽。更糟的是，行家們往往也容易「以言廢人」，只要你的一

句話語焉不詳，一個觀點有待商榷，儘管其他內容再好，也會讓他們對你的可信度持保留態度。因此，你一定要注意：

- **查核資訊**。任何數字、年份、統計資料、生難字詞、外文……都需要正確無誤。

- **小心用詞**。避免模糊、武斷、偏頗、有語病的用語，除非你對自己的說法有百分之百的把握，否則比起「這樣做保證沒問題」，更負責任的說法是「這樣做會降低失敗的風險」。

- **及時解結**。當你發現某一位行家出現被「卡住」的跡象時，請趕緊把他心中的結解開！卡住的跡象可能是蹙眉、單邊挑眉、抿嘴、頭歪向一側或緩緩搖頭；可能是將身體姿勢從開放式轉為封閉式，如本來雙手自然垂放，在聽到某句話時卻轉為雙手抱胸；或是本來身體向前傾，卻突然向後靠。卡住的原因可能是不理解，可能是對此說法有疑慮，這時你就需要即時解釋，或用其他方法再度詮釋此觀點，以解除他對此事的擔憂。

例如我在為企業做服裝規範訓練時，常需要告訴大家「拜訪客戶時應避免佩戴跟宗教信仰有關係的飾品」。當我看到台下有人出現「卡住」的跡象時，就會進一步說明：「之所以要避免，是因為人有劃分敵我的傾向，當無法確認客戶是不是與自己『同類』，配戴某群體的象徵物品是一記險招。誠然，當你遇到的客戶剛好與自己同類時，它可以為你加分，但是我們畢竟無法預期會遇到哪一種人。因此，我建議你即使要配戴相關的飾品，也要將它藏在衣物下，不要彰顯出來，以避免不必要的麻煩。」當他們心中的疑慮與擔憂被消除之後，我也就能

繼續順暢地往下講了。千萬不要忽略被卡住的跡象——當及時解結的機會錯過了，你也很可能就此失去了一個（或很多個）聽眾。

穿好你的戲服！讓說服更有效的穿著策略

別忘了思考一下「你的樣子」是為這場說服加分或減分？以下這些服裝元素，能夠加強智慧、知性的視覺印象，不論溝通的人數多寡，場域是台上或台下，都能讓你的說服更有效：

好看／不好看得恰到好處

觀察海內外備受敬重的學者專家，穿著大多不特別光鮮、不特別時尚，但卻經典沉穩富書香氣息，愛用的款式包含高領毛衣、襯衫、獵裝外套、西裝褲、剪裁簡單的洋裝等。對他們而言，穿得太時尚對專業並無助益，有點「書呆子氣息」反而吃香！因此，當你需要展現睿智時，最好避免「走在流行尖端」的服裝，例如不對稱的領口、設計誇張的袖子、兩邊不同長度的裙襬等，這類款式許多思考型的人（尤其男人）是看不懂的，只會暗自納悶「為什麼不把衣服穿好？」甚至覺得你過於注重外表，和自己「道不同不相為謀」。至於彩妝，建議一定要化，但並非濃妝豔抹，而是淡雅、看起來容光煥發的自然彩妝。

總而言之，把自己打扮得太好看，反而會讓對方還要多花一層心力去說服自己「你值得信任」，倒不如好看得「剛剛好」：「好看」到足以贏得注意；但同時又「不好看」到讓人不覺得你是個過度注重外表的人。

「古意老實」的單品

我們常常為了讓自己看起來光鮮而穿得很「光鮮」，然而有時當你本人已經很光鮮了，若能在身上注入一點「古意老實」的意象，絕對是加分的。有些單品天生就帶有「古意老實」的基因，鞋頭偏圓鈍的男士皮鞋就是其一。穿上它，你的個性中值得信賴、保守沉穩、腳踏實地的部分就會被強化出來（如果真的很圓，甚至會看起來有點憨厚、有點土）。相對而言，當鞋頭微微偏尖時，能夠帶出敏捷、精明、幹練、時尚、速度快的感受，然而如果尖到一個程度，「江湖味」、「奸詐味」就會呼之欲出了！

你可以根據自己的長相、個性以及欲傳達的訊息，來選擇適合的鞋頭。例如若你的外表看起來「精明幹練」，但想要讓對方看到「誠懇老實」的自己，這時若穿尖頭皮鞋就會彰顯出你的「精明幹練」，不妨選擇鞋頭偏圓一些的款式，來烘托「誠懇老實」的面向。

排除「晃動」干擾

為了讓對方能專注於訊息本身，我們需要排除任何可能讓他分心的因子，而其中之一就是「晃動」。除了抖腳、搖晃身體、轉筆、按筆等「動」作之外，也要避免會晃動的髮型——因為在你希望對方專心理解訊息時，如果臉龐旁邊不時會垂落一絡髮絲，讓你需要時不時就甩一下頭，或是舉起手輕拂一下，那麼就算說話的內容再引人入勝，對方大概也很難專心了。同理，你需要避免袖子上不時隨著手勢晃動的流蘇、搖晃的垂墜式耳環、活動時會發出叮咚聲響的手鍊，甚至連筆上的小吊飾都需要移除，務求把干擾程度降到最低。

善用色彩

- **將排斥化於無形的淡藍**：淡藍色帶給人信賴感與安全感，能幫助對方平穩心境並專心聽你說話。再者，淡藍是個「沒有人不喜歡」的色彩，因此當你需要與陌生對象接觸時，穿上淡藍能確保對方就算不一定非常支持你，至少不會一開始就強力反對。

- **屹立不搖、強化決心的深藍**：如同 Q12 所述，深藍色是領導者最鍾愛的西裝色彩，因為它象徵著誠實、權威與屹立不搖的決心。因此，如果你在說服時希望強調執行力、魄力、價值觀與不容挑戰的訊息，服裝以深藍為主調準沒錯。

- **談謹慎精確、與數字有關的話題時，穿灰色**：當你希望傳遞出智慧、謹慎，或談論與金錢數字有關的主題時，穿著灰色能為你展現出精確、謹慎、考究、沉穩的特質。需要注意的是，因為灰色非常挑質感，所以當衣服的質感不夠高檔，以上的正面感受便會喪失殆盡。此外，所有色彩加上灰色都會趨於低調、含蓄、沉穩，因此當你需要熱情、振奮、快樂感時，穿上它會讓激情冷卻下來，並不是最理想的選擇。

- **熱血沸騰、迎接挑戰的紅色**：紅色是除了黑色、深藍、深灰之外，深具權威的另一種色彩。不同的是，紅色的權威中蘊含著熱情、積極、能量充沛的力量，能夠挑起人們高昂的鬥志。然而，由於紅色帶有「挑釁」的基因，當你預期對方可能會反對時，則不宜穿紅色。

要激勵團隊時，
可以怎麼做？

你曾經受過最大的激勵是什麼？為什麼這個激勵對你會有效果？你有沒有辦法用相同的方法激勵其他人？

談到激勵，就不能不提「運動場」上的激勵，因為運動員是否受到激勵，直接反映在得分上，而除了自我激勵之外，運動員的激勵還來自於兩個角色：「啦啦隊」（包含職業啦啦隊，以及球迷們）與「教練」。

啦啦隊在場邊給選手加油打氣，告訴他們「做得好」、「你是最棒的」；而教練說的話則不見得那麼好聽，因為其職責是指出現狀、給出目標、下達指令、提供方法。這兩者給予的激勵形式截然不同，但是卻缺一不可：少了啦啦隊，運動員難以維持高昂的鬥志；少了教練，則容易滿足現狀、停滯不前，或囿於盲點、無法突破。

平時激勵人的時候，你認為自己是啦啦隊，還是教練呢？其實這兩者分別代表了激勵的不同層次：**啦啦隊是淺層激勵，教練則是深層激勵。身為領導者，你不是要在兩者中擇一，而是要嫻熟兩種激勵的運作模式，並**

且根據不同的狀況，綜合運用不同的激勵方式。以下，就讓我們更深入地談談何謂淺層激勵與深層激勵，要讓它們有效的竅門又是什麼？

淺層激勵：啦啦隊，讓你看到「自己的好」

每一個人都需要啦啦隊。當一位運動員的狀況不佳，而旁邊又沒有任何人為其加油時，即使其心理素質再強、再好勝，也不容易有最精彩的表現。這也解釋了為什麼運動比賽中，會有「主場優勢」（Home Advantage）——在實力相當的情況下，運動員在自己駐地的體育館和外地隊伍比賽，在粉絲們的加油與激情催化之下，往往得分意志更強烈、興致更高昂，也連帶地擁有更高的勝率。

淺層激勵就像是射門、上壘、灌籃、發出 Ace、一桿進洞之後，觀眾席爆出的歡呼聲。在工作場域中，我們也需要適度地給予團隊成員「歡呼聲」，也就是「讚美」。讚美的力量是很大的——有效的讚美，可以肯定一個人已經做出的行為，並且強化它，讓他未來在此行為上做得更多、更好、更全面。

小心不要讚美錯地方

在透過讚美來進行淺層激勵時，需要格外留意不要讚美「錯」了。史丹佛大學的行為心理學教授卡蘿·德威克（Carol Dweck）做過一個實驗，證明「讚美的方式」將會影響被讚美者後續的行為。

這個實驗是這樣的：她找了 400 個小學五年級的學生，給他們做一份簡單的智力測驗（想當然耳大家都考得很好），接著把他們分成兩組，讚

美第一組小學生說：「做得好，你一定很聰明！」對第二組小學生說的則是：「做得好，你一定很努力！」之後再各別準備一份較難與較簡單的試題，讓小朋友自己選擇。結果，被讚美聰明的學生，有 67％ 選了較簡單的試題；而被讚美努力的學生，則有九成都選了比較難的那一份試題。❶ 德威克教授進一步解釋，第一組小學生覺得自己是因為答對了，才得到「聰明」的讚美。因此，萬一接下來的題目答得不好，不就證明自己不聰明了嗎？他們因為不願意失去「聰明」的肯定，所以選擇簡單的試題，寧可打安全牌，也不願意去冒險嘗試失敗。然而第二組小學生不這麼想，這群被稱讚「努力」的孩子們，認為即便答得不好，也不代表自己就是一個「不努力」的人，因此更勇於接受挑戰。

世界球后小威廉絲（Serena Williams）的教練派翠克·莫拉托魯（Patrick Mouratoglou，我們很快就會談到這對黃金拍檔合作的故事）曾表示，有很多公認天賦異稟的球員在比賽中會出現一個狀況：當戰況對自己不利時就直接放棄，不去想如何扭轉頹勢，而只想趕快把比賽結束掉。這基本上是在表示：「我不在乎」、「我根本試都沒試」，因為沒有努力，所以即使落敗也無法證明自己是一個沒有天分的人，如果拚盡全力還是輸了，不就證明了自己的天分不怎麼樣嗎？「天分」成了他們的絆腳石，讓他們失去冒險精神、不敢嘗試、唯恐失敗，為了維持自己「天分」的招牌，反而什麼事都做不成。

---

❶ https://youtu.be/NWv1VdDeoRY

你讚美什麼，就會強化什麼。建議你：只讚美你希望他繼續發展的特質，並且不強調與生俱來的特質（如前面提到的聰明、天分），而是專注在可以透過努力來加強的特質（如勇氣、正直、毅力、效率、紀律、創意、細心、健康）。

例如若你希望對方能夠接受更難的挑戰，那麼在激勵時就需要多讚美他的努力與勇氣；若你希望他更有效率，就稱讚他的效率；若你希望他未來能把報告做得更細膩一點，即使目前的報告還是有不完美的地方，你還是需要從中找出幾個細膩的點來稱讚。

不過我要提醒你，在團隊中一定有比較顯眼，或是會主動「討激勵」的人，也有相對不起眼，默默做事、自立自強的人。如果沒有格外留心，我們很容易就會給「會吵的小孩」更多糖吃，因此你需要刻意地記錄自己激勵每個人的次數，並針對較少給予激勵的人用心觀察，再根據其需求進行激勵！

深層激勵：教練，讓你看到「自己不只如此」

如果你不僅希望強化一個人現有的行為，更希望激發他的潛能、促使他挑戰更高目標，光靠啦啦隊的淺層激勵是不夠的。這時你需要的是「深層激勵」，而這樣的激勵得靠「教練」來給。**一位傑出的教練，擁有敏銳的洞察力，不僅能夠看到你的外顯表現，更能夠看到表現背後的情緒與思考；不僅看得到你此時此刻的狀況，更看得到你的可能性、你的未來，並且提供方法協助你達成目標。他不怕告訴你實話，因為他真心希望你進步**——這，就是深層激勵。

在頂尖網球教練莫拉托魯的訪談紀錄片中，他談到自己帶領小威廉絲重返網壇的過程。當時，小威廉絲已經是網壇明星，卻因傷勢被迫休養數月。她好不容易重返球場，卻破天荒地在法網第一場賽事就被淘汰出局。備受挫折的小威廉絲傳訊息問莫拉托魯，可不可以去他的網球學院訓練，過去除了她的父親，從來沒有其他人擔任過小威廉絲的教練。莫拉托魯知道這是他的機會，決定向她直言：「我認為你高不成低不就。你贏了13座大滿貫，那很好，可是如果你原本可以贏26座呢？我看過好幾次你沒有準備周全就上場，即使情況不對，你看起來也沒有應變方案。」莫拉托魯表示，他從未看過其他人對小威廉絲這麼直接，但是他並不緊張，因為他認為這麼說才對。

好的教練不怕選手——即使那位選手已經嶄露頭角，並且是世人公認的明星——他甘願冒著失去工作的風險，也要堅持做對的事。莫拉托魯的激勵，讓小威廉絲奮發圖強，並跟隨他的帶領，很快地在球場上重拾榮耀。他的激勵之所以有效，有三個原因：

- **指出現狀**：誠實地說出觀察，讓小威廉絲正視自己「多次沒有準備就上場」的事實。

- **指出目標與差距**：看見對方的潛力與可能達成的目標，告訴她「你的潛力不只如此，如果有好好準備，可以贏更多大滿貫」。

- **激發動力**：運用對方的夢想與恐懼激發動力。看見小威廉絲夢想重回網壇第一並持續超越自己，恐懼成為球場上的泛泛之輩，莫拉托魯為她描繪出了心中夢想與恐懼的畫面，促使她為其付出更多努力。

激勵要有效，就是需要如此：為他指出現狀與目標，以及從現狀到目標之間的差距，並運用對方的夢想與恐懼來激發行動。而要如何精準地覺察對方的夢想與恐懼？你可以透過平時的相處來觀察，也可以請他直接寫出來。而在我的經驗中，「馬斯洛需求層次模型」是用來觀察人很好的方法。根據這個金字塔型的需求層次，每個人在不同狀況下，會有相對應的夢想和恐懼，你可以對症下藥，找出最好的激勵組合。

馬斯洛需求層次模型

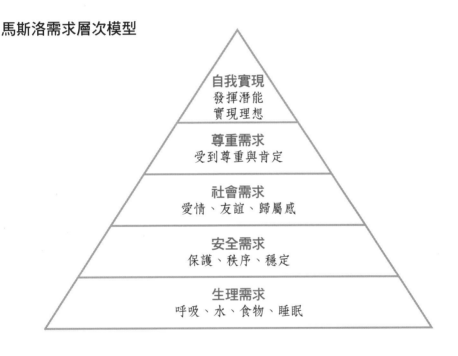

例如，若你要激勵的對象目前處於「安全需求層次」，那麼「誘之以利」可能會讓他充滿動力，像是「這件事完成，公司會給你一筆豐厚的獎金」；對一個生活溫飽無虞，但渴求歸屬感的人，告訴他「公司真不能沒

有你」，他就能像喝了蠻牛一樣活力百倍；若此人來工作不是為了賺錢，也不是為了歸屬感，而是追求自我挑戰、渴望發揮天賦，這個時候與其拿加薪、升遷來激勵他，不如告訴他「這個案子拿下來，你就又創下了自己的新紀錄」來得更有效！

特斯拉創辦人馬斯克曾說：「員工是不需要激勵的。」他認為讚美激勵自己，是每一個人自己的責任，為什麼要將此責任放在老闆的身上呢？馬斯克的看法固然道出了領導者的心聲，然而，每個大人都曾經是個小孩，也都是仰賴著大人的悉心照料才得以長成、獨立自主的；因此，在每一位員工都學會自我激勵之前，仍然需要領導者適度地「餵養」激勵，有朝一日才能長成一個能夠自我激勵的人。

「肯定」與「進化」是全人類共同的渴望。每個人都期待自己的優點被看見，渴望能有所貢獻，期盼同事、上司覺得自己很重要；每一個人內心都期待自己可以更好，儘管只是百分之一的進步，都好。而適當的激勵就能達到此目的。**身為領導者，請眼觀四面、耳聽八方，用你的身心靈去接收團隊發出的訊號，去感受身邊的夥伴需要什麼樣的激勵，並運用以上的方法，給予他們最適合也最即時的灌溉。**這，不僅是你做為領導者對團隊的責任，也是對他們愛的表現！

如何讓線上會議更有效？

　　在現代職場，「線上會議」已經蔚為主流，然而你認為線上會議和實體會議有何不同？如果你很熟悉如何導引一場溝通順暢、有效率、有效能的實體會議，又要如何將它應用在線上會議的情境？

　　首先，線上會議雖然是「線上」，其本質還是「會議」。所以，千萬不要認為線上會議不是與對方面對面，就可以用比較輕鬆的心態看待。事實上，一場線上會議的正式程度並不亞於傳統的實體會議，並且需要的謹慎程度甚至比實體會議更高。

　　原因有二：第一，感官分為視覺、聽覺、觸覺、嗅覺、味覺等五感，當用到的感官種類愈少時，該感官就會愈敏銳。在實際面對面的實體會議中，大家能夠充分運用「五感」來接收訊息，所以有時就算一句話講得不夠清楚，大家也能從其他感官中取得訊息並理解其意。相較之下，在線上溝通的情境中，五感中只剩下「視覺」與「聽覺」兩種感官，這兩種感官所感受到的訊息強度會被放大，所以你更需要格外留意自己給出的視覺與

聽覺訊息，是否能夠全然傳遞你的原意？第二，有道是「見面三分情」，人與人實際碰面就是會自然建立連結，然而線上會議少了「三分情」的潤滑，所以溝通上需要更專注、更精準，更需要注意良好且專業的線上會議禮儀。

以下就讓我們分別從「視覺訊息」與「聽覺訊息」兩個面向，來探討如何善用形象技巧，讓線上會議更順暢有效率：

視覺訊息：好畫面，讓溝通事半功倍

在會議開始之前，請先檢視自己在鏡頭前的樣子，並確定畫面是你想要的。你可以以 Q9 中提到的「形象策略三圓圖」做為基準，並進行以下重點確認：

形象：實體會議怎麼穿，線上會議就那麼穿

你希望呈現出什麼樣的形象？與會者對你的期待是什麼？你希望達到什麼樣的目標？建議你將線上會議視為實體會議，面對面開會怎麼穿，上線時就那麼穿。即使是與公司團隊的內部會議，也要比照平日在辦公室的穿著模式，不要與你平日的專業形象差距太大。

此外如果是公司團隊一起參與外部的線上會議，不妨事先約定 Dress Code，這會讓你們同框的時候看起來就像是一個團隊，達到「1＋1＞2」的效果。

提醒你：如果是在家中開商務線上會議，儘管鏡頭拍不到下半身，為了保險起見，仍請你全身都要穿得專業得體，而不要上半身穿得很專業，

下半身卻穿睡褲（或四角褲）──這麼穿，萬一哪一天忘了關鏡頭就起身，可就糗大了。

背景：確認所有會入鏡的人事物

對方看到的你不只是你本人，而是「你＋背景」的組合。在 Q2 中，我們提到梅克爾避免與國旗或企業商標同框，以強化她親民、中立的形象，所運用的就是這個思維。

因此，你需要以自己的「形象策略三圓圖」為出發點，刻意選擇自己的背景，在家中或辦公室找到最適合做為背景的角落。並且確定所有會入鏡的人／事／物（諸如書架、藝術品、窗簾，乃至於來往經過的人影等），皆能與你的「形象策略三圓圖」連結，或至少不互相衝突（參見 Q29）；而服裝與背景之間，配合起來也要相得益彰才行（參見 Q21）。

此外，有些線上會議軟體提供「合成背景」功能，這時與其用預設的背景圖片，用心挑選的背景圖往往更能符合你的「形象策略三圓圖」。背景圖片分成兩種，第一是**「有功能」的背景**，意指藉由背景讓自己氣色更好、更有精神、更好看、更專業、更像個領導者；例如比較疲憊的時候，就可以選擇能製造快樂氛圍、充滿陽光的圖片助自己一臂之力。第二是**「有意思」的背景**，指和你自己、和企業、和主題相關，並且帶有故事性或能引起好奇心的圖片。例如我有一位在跨國 NGO 組織工作的學員，每當需要與國外成員會議時，就會以玉山、日月潭等風景照片做為自己的背景，讓她的身影被台灣的自然美景「框」在其中，不僅辨識度高、連結度高，更為台灣做了最好的廣告。

線上會議或連線訪問時記得鎖門！

　　2017 年，釜山大學教授羅伯特‧凱利（Robert Kelly）西裝筆挺地在家中書房接受 BBC 針對南北韓議題的現場連線訪問。然而，訪問進行到一半，他年幼的女兒突然打開房門「亂入」，隨後坐在學步車上的小兒子也跟著滑進畫面中，天真可愛的模樣讓這部影片傳遍全球 ❶。這景象可愛歸可愛，但是你應該不希望此事發生在自己的身上吧？因此如果你要開一個嚴肅的會議，周遭又有任何人（或動物）可能「亂入」的時候，請記得把門鎖好！

❶　掃描 QRcode 看範例影片

鏡頭角度：平視角度最安全

　　鏡頭的角度不僅會改變你的長相，更能引導別人對你的感受。誠然，每個人的長相不同，適合的角度也不同，建議你用 Q23 的方式實際為自己找出最上鏡的角度。而如果你的會議就迫在眉睫，可以採取最中庸安全的角度：「平視」。相較之下，以俯角拍攝容易讓拍攝對象的眼睛變得比實際小，讓人看不清眼神，並營造出卑微的感受；而用仰角拍攝，則容易讓人看到很明顯的鼻孔，並顯得驕傲自大。

　　許多筆記型電腦內建的攝影鏡頭（Webcam）是固定在螢幕上方的，

這時如果坐得離電腦近，又想看清楚螢幕時，就會無意間將螢幕調整成強烈的「仰角」角度。解決的方法是坐得離電腦遠一些，或是把電腦墊高，總之，只要讓螢幕傾斜的角度小一些，仰角的效果就不會那麼劇烈。你也可以改用外接式的攝影鏡頭，如此就可以不受螢幕的限制，而可以自由調整拍攝角度。

領導者 Notes ▸ 我不想露臉，可以不開鏡頭嗎？

在商務線上會議中，不論決定是否開鏡頭，重點是所有人都要一致。如果有些人有開鏡頭，有些人卻沒開，那麼這場會議就形同資訊不對等的對談，這樣的狀況，就如同一群人在會議室開會，卻有人躲在牆壁後參與會議，「空山不見人，但聞人語響」，多少會讓會議室裡的人心中產生「自己在明、他人在暗」的心理效應。因此，除非萬不得已（如需要保護某參與者的身分，或是網路連線品質太差），你與團隊成員都要準備好適宜上線的形象並露臉，千萬不要大家都露臉，卻有人當「藏鏡人」。

眼神：調整視窗位置，創造交流感

開線上會議時，眼神應該要看哪裡？是應該注視螢幕上對方的影像，還是看著鏡頭呢？看著對方在螢幕上的影像時，你在對方眼裡就只是「看著螢幕」講話而已，並沒有實際面對面的交流感；然而若你盯著鏡頭說

話，往往又因為沒看到對方，而難以想像自己是在跟一個真人說話。在此提供一個方法：將電腦螢幕上對方的畫面視窗拖曳到接近鏡頭的位置，例如若你的鏡頭位於螢幕正上方，就把對方的畫面視窗拖曳到鏡頭位置的正下方。如此當你看著螢幕中的對方說話時，眼睛對焦的位置與鏡頭不遠，在對方看起來，就像是你直接透過鏡頭對他說話一樣。

燈光：避免頂光或底光

千萬不要小看燈光不對所能造成的災難性結果。你需要檢視周遭光源是否太暗，如果在昏暗的房間只以電腦／手機的光源照亮臉部，看起來會有一點「可怕」，這是你想要的嗎？以一般的會議情境而言，光源最好自然、柔和、均勻，並特別注意避免「頂光」或「底光」。頂光是指從頭頂往下投射的光源，容易讓眼袋、皺紋變得明顯；而底光則是位於你臉部下方，由下往上投射的光源，這種光源通常比較適合恐怖片，還是不要在線上會議使用比較好。而如果你使用環形燈（俗稱「甜甜圈燈」或「網美燈」），建議不要配戴眼鏡，因為眼鏡鏡片容易反射光源，當鏡片上不時出現兩個圓圓的光點，別人自然就無法清楚看見你的眼神了。

聽覺訊息：降低雜訊，提升溝通品質

聽覺，不同於視覺，是一種「被動」的感官感受。畢竟當我們看到不想看的東西時，還可以轉移視線或閉上雙眼，但是面對不悅耳的聲音時，耳朵卻是連關都關不起來的！此外，光是「聽」了，也不等於「聽到」了，更不等於「聽懂」了。因為我們的耳朵隨時隨地都在接收聲波，這僅止於

「聽」的層次；若要「聽到」，大腦得刻意地投入專注力、把不重要的聲音過濾掉；而如果需要「聽懂」，就需要大腦進一步地發揮認知能力、進行處理才行。

因此在線上會議中，為了加快大家「聽→聽到→聽懂」的處理路徑，你需要注意以下細節，讓自己的聽覺訊息清晰且容易理解：

確保收音品質

如果收音的品質不好，無論你的內容再怎麼精彩，對方也無法聽下去。而影響收音品質的因素不出以下三個：收音環境、麥克風品質、音源與麥克風之間的距離。

首先，若你周遭的環境吵雜（如音樂、旁人交談聲）、容易有突發性的噪音（如垃圾車聲），或容易有回音，你要不就換個環境，要不就要設法排除這些問題。例如若空間回音嚴重，通常是因為空間中容易反射聲音的「硬質材料」太多（如牆壁、地板），這時只要運用有吸音效果的「軟質材料」，像是鋪上地毯、擺幾個毛茸茸的抱枕，就有機會改善。至於麥克風品質，通常筆記型電腦內建的麥克風，對線上會議而言還算夠用，但若追求更悅耳的音質，則需要購置專用的麥克風。最後，無論買了再好的麥克風，其收音效果還是會因麥克風與音源之間的距離而遞減，所以請不要離麥克風太遠，方能確保一定的收音品質。

發言錯開，避免干擾

我常到各家廣播電台上節目，長年下來，也觀察到一些錄音間的潛

規則。其中之一就是主持人的聲音與來賓之間要有此起彼落的韻律，不僅不能同時安靜（稱之為「Dead Air」），也要避免同時講話，以免互相干擾。此外，錄音時大家都會避免發出不必要的聲音（如咂嘴、按筆、敲桌子），至於「碰到麥克風」更是大忌中的大忌！在線上會議中，我們也可以比照辦理。此外，為了讓大家都能聽清楚，你的語速需要比平時慢一點、發音咬字需要比平時更清晰，如果使用別在身上的麥克風（如藍芽耳機），也要注意衣服、頭髮、耳環不要摩擦到麥克風，免得產生噪音。

領導者 Notes｜電話會議：小心聲音洩漏你的一舉一動

即使是在沒有視訊只有聲音的電話會議中，也不要以為對方看不到畫面就不知道你在做什麼。事實上，當對方在電話的那一頭吃東西、喝飲料，都是聽得出來的，有經驗的耳朵甚至能辨別出對方談話時身體的姿勢，例如坐著說話、躺著說話、一邊走路一邊說話、一邊爬樓梯一邊說話等。

此外，開會時也務必要專注，不要存僥倖之心，認為分神一邊做其他事對方不會察覺！其實高品質溝通的關鍵在於「丟接球」的順暢度，唯有所有人皆專心對話，「丟接球」才會順暢對頻。你會發現，當一個人心不在焉，別人球丟過來，卻渾然未覺或恍神，即使僅僅只是遲疑了半秒，對方仍會感覺得出來。「心不在焉」的遲疑，跟「聽到了，但還在思考」的遲疑，對於認真開會的其他人來說是很明顯的。

善用破冰創造連結

在實體會議中，大家通常會先握手寒暄，閒聊幾句之後再步入主題。然而，線上會議少了實際接觸的機會，所以主持人（通常是會議的召集人）會需要幫助大家「破冰」，以創造更融洽的會議氣氛。

最基礎的破冰方法是介紹「每一位」參與人員，並請被介紹到的人出聲打招呼，如：

主持人：「今天參加會議的有五位，首先是 A 公司的王總經理。」

王總經理：「大家好，我是王俊明。」

主持人：「接下來是 A 公司的資深設計林先生。」

林先生：「大家好，我是林家豪。」

如果會議進行中臨時加入新的成員，也要特別說明，例如：

王總經理：「這個部份我請李秘書一起過來聽，他現在人在旁邊。」

李秘書：「大家好，我是王總的秘書美琦。」

總之，每一位參與者都需要親自出聲打招呼，如此不只能讓會議更順暢，也有助於信任感的建立、確保會議的順暢進行。甚至當彼此之間不熟悉，或是沒有畫面只有聲音的時候，每次發言之前，都要先「自報名號」再進行發言，才不致混淆或誤解。

創意破冰法，讓連結更緊密

你也可以進階地運用創意的方式來破冰，例如前述那位在 NGO 工作的學員告訴我，有一次開會時，主持人請每個人描述自己面前的景色。於是，有人描述自己家中的窗景，有人分享他面前的書櫃，有人則說自己的螢幕後正躺了一隻呼嚕作響的貓。簡單的分享，讓這群原本只是點頭之交的同事，瞬間有了溫暖的連結。

會議內容：多一分嚴謹，就少一分風險

最後，我想再與你分享幾個與「線上會議內容」相關的細節。誠然，在內容的準備上，線上會議和實體會議都有既定的嚴謹度，例如議題設定、資料呈現、報告方式、流程掌握等，然而在線上會議的情境中，我們更要特別留意：

提前預約且準時參與

如同實體會議，線上會議也需要提前預約，同時事先以文字清楚寫明討論重點、議程，且需要有人在會議前兩個小時再度提醒，以確保大家準時上線，因為線上會議遲到，對對方造成的不適、不悅感，並不會比面對面會議來得少，甚至更多！畢竟在心理感受上，「在會議室等三分鐘」還算勉強可以接受；但換作是「在電話中等三分鐘」，人們卻會覺得「等很久」！

確認文件版本

你可能也遇過這樣的情況：會議開始後十分鐘，大家為了某個圖表爭論不休，最後才發現彼此的文件版本根本就不一致。這件在實體會議時能夠輕易解決的小事，到了線上會議時卻成了讓溝通不斷繞圈子的主因，造成時間與心力的耗損。

因此你一定要讓大家養成習慣，在發送會議通知時就提供必要文件；如果之後有更新的文件版本，則需要在會議一開始時再度確認文件版本，例如：「我們先一起核對一下文件版本，每個人手上應該有三份檔案，第一份是圖檔，檔名是……，版本是第二版；第二份是……」簡單的過程，就能大幅節省會議時間、強化溝通效率。

提供視覺輔助

在資訊彙整的偏好上，有些人偏視覺型，有些人偏聽覺型；而線上會議的討論多靠話語進行，對偏視覺型的人來說不容易抓住重點、聚焦理解。因此，開會時我喜歡自己（或請同事協助）將大家提出的論點用文字或圖表快速記錄下來，並透過鏡頭或線上白板的方式與其他人共享，有效地讓討論更聚焦。

做重點總結

沒有結論的會議，等於沒有會議。一般而言，在會議結束時做重點總結是主持人的權利與義務，但是若主持人未做總結，你也可以主動做總結確認。

總結主要包含：

1. 會議結論

2. 行動清單（接下來要做什麼事？誰負責？如何檢驗完成？）

3. 敲定下次會議時間

當你的團隊嫻熟線上會議，不僅能讓討論更精準有效，無形中更能傳遞出「這個團隊很敏捷、跟得上時代脈動」的印象，對公司形象的助益不可小覷。因此，身為領導者除了親自實踐之外，也請將這些方法分享給你的團隊成員甚至合作廠商，讓良好的線上會議禮儀成為新世代的共同語言！

開會時氣氛很僵，
如何引導團隊氣氛以達成目的？

你有沒有這種經驗：在會議中，你想主導一個提案，內心十分篤定這是對公司最好的決策。然而當你提出來時，平常支持你的人不知為何無法發揮支援的功能，讓你需要單槍匹馬抵擋其他人的反對意見，覺得孤掌難鳴、無力回天？

你或許會很意外：只要「換個位子」就可能扭轉局勢，進而影響會議的走向。因為會議座位就如風水，能夠以「形」造「勢」——只要稍微調整座位的形，勢就自然形成了！以下，就讓我們逐步進行解析。

認識基本會議座位

首先，讓我們先一起認識基本的會議座位。以會議中常見的長型會議桌來說，有四種坐法影響力特別大：

對峙位

意指雙方面對面相對而坐的座位。這種坐法意味著直接面對面，清楚

明白、沒有模糊空間。例如要談合約、談規範、釐清一件事情的脈絡、將細節梳理清楚等「理智型」的會談；或是當領導者想讓下屬知道事態嚴重、想讓廠商知道今天的會議內容非常正式且嚴肅時，都可以採取這樣的坐法。此外，由於面對面時，能讓彼此的表情、肢體動作等所有非語言訊息都一覽無遺，所以對峙位也有著將雙方之間既有的感受「極大化」的效果。例如當雙方屬於敵對關係，採對峙位會顯得劍拔弩張；但若是雙方感情甚篤時，對峙位則能大幅增進彼此互相支持的氣氛。

親切位

雙方坐在同桌角的各一側。例如你想對來訪者表達友好的親切感，或是想安撫對方、想讓情勢不要有抗衡感／嚴肅感時，很適合採取這種坐法，因為它不至於太親暱，能讓對方保有個人的空間，但又不像對峙位那麼壁壘分明。

輔佐位

雙方併肩坐於桌子較長的一側。顧名思義，輔佐位是為了輔助、解說、支援，因此你會發現，一般會坐輔佐位的人，關係通常不出伴侶、好友、家人或合作密切的商業夥伴。這也意味著：在會議上，只要看老闆旁邊坐的是誰，你就能推敲出：誰的意見很重要！

疏離位

長桌上兩側斜對角的位子，當你因為任何理由不想靠近對方，包括對

其有戒心，或者是不想打擾（或被打擾）時，就會以此種方式入座。然而需要注意的是，若對方心中剛好正在懷疑你是否不喜歡他、不信任他，而你又恰巧坐了疏離位，這一坐，無非就證明了：你真的不喜歡他、不信任他！如果你並沒有這樣的意圖，還是坐近一點吧。

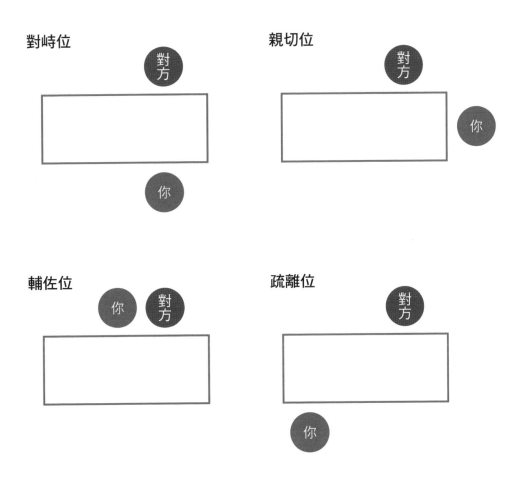

這幾種坐位，各有適用的情境與好處。而在長期到各行各業進行教育訓練的經驗中，我也發現：工程背景的人入座時，通常會直覺地採取對峙位，而銷售背景的人則偏好親切位；至於輔佐位，則是社工背景的人最喜歡的坐法。

領導者 Notes▶ 善用疏離位

　　日本大企業中，有個不成文的潛規則：同公司一行三人一起出差，其飛機座位通常不會劃在同一橫排，而是打散坐在前後排，這就是善用「疏離位」所營造出的「我不打擾你，你也不打擾我」的氣氛。我認為這個作法值得借鏡，並且不只是飛機，而可以套用至高鐵、火車等座位上！因為觀察國內企業，大家出差時會傾向於把座位劃在同一排，無形中就創造出了「輔佐位」。然而，在旅途中若想進行一些私領域的事情，例如閱讀、寫筆記、小睡等，如果座位緊鄰同事，難免會有所顧慮，而無法全然放鬆。因此，建議領導者們，除非有事情要談，否則在旅途中不妨善用「疏離位」策略，為自己（也為對方）保留適度的空間。

預期會被反對時，不對坐、打散坐、排暗樁

　　現在，你心中已經有了這幾種坐法的基本概念，不妨進一步思考一下：當你需要說服團隊時，該怎麼坐？而若今天提出的議題會有幾個潛在反對

者，你如何透過座位安排來引導會議氣氛，把可能的反抗力道降到最低？
（先想一下，想好後再往下看）

答案是：

1. **不對坐**：千萬別用「對峙位」把反對者安排在你的對面。
2. **打散坐**：團結力量大，打散力量小。針對可能的反對者，你需要把他們打散。
3. **排暗樁**：把自己的支持者，安排在正對面最顯眼處！

例如以下這張圖中，三位反對者全都坐在你的對面，形成了兩邊壁壘分明的形勢，於是交談變成了交戰，你射我一箭、我還你一槍，對方質疑的表情、封閉的肢體動作都被你一覽無遺，他提出的觀點聽在你耳裡都像是在挑釁，而你的解釋也被對方理解為藉口或是強辯。

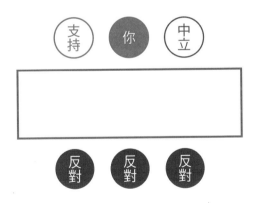

這時不妨換換位子，打破反對者們團結的形勢，讓其中兩位坐到你左右兩側的「輔佐位」。這個位子有著支援、支持的傾向，會讓對方即使想反對，卻不自覺地變得緩和或「反不起來」。接著，再將團體中最可能的支持者（也就是暗樁）安排在你的正對面最顯眼的位置。這麼做不只能讓你在傳達訊息時，因為能看見他的正面表情所以更有信心，更能透過他的肯定反應讓其他中立者考慮積極表態，也有機會鬆動反對者的立場，軟化其抗拒之心。

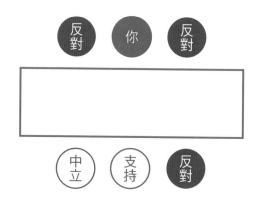

　　在理解座位安排背後的哲學之後，你可以將這個概念立即應用在日常會議情境中，並體驗以不同方式入座時，會造成什麼樣的感受與氛圍。幾次之後，座位安排的基礎概念就會漸漸刻進骨子裡，化為直覺式的反射動作；如此當時機來臨，你連想都不用想，就能立即「以形造勢」，做出最合宜的座位安排了。

會議座位千萬不可隨便坐

　　我曾到大陸一家知名企業開會，當秘書帶領我進入會議室時，我向他詢問該坐哪裡，得到的回答是：「隨便坐就可以了。」我接著問，「項總都坐哪個位子？」這位秘書回答：「我們項總也都隨便坐。」

　　我想，身為這家大企業的領導，絕對不可能真的「隨便坐」，只是項總並未明言，而秘書也沒觀察到此細節罷了。

　　身為領導者的你，不僅不能隨便坐，也不能讓屬下誤以為你都隨便坐。明確地讓大家知道你的入座策略——包含你自己坐哪裡以及希望客人坐哪裡，如此，負責接待引導的同事們才能心照不宣地完成任務。

　　至於入座策略除了可以依照會議的目的來選擇對峙位、親切位等入座方式之外，也需要考慮到客人視線所及之處，是否能為公司加分。例如剛好會看到洗手間的位子就不適合讓客人坐了。

如何從肢體動作
迅速解讀員工的狀況？

Q19

你擅長「察言觀色」嗎？身為領導者，你或許「不必」看人臉色，但不能「不會」看人臉色。

柯南道爾筆下的福爾摩斯曾說：「你是在看，而我是在觀察，這有很大的差別。」在武俠小說中，也不乏這樣的情境：當有人埋伏在暗處，身懷絕技的俠客們總是能透過敏銳的感官察覺出來。然而他們通常不會立刻點破，而是凝神諦聽，先在心中推敲埋伏者是何方神聖：如果發覺此人呼吸勻淨，腳步輕盈沉穩，可能是武林高手，未知是敵是友，需要小心應付；而若聽出呼吸紊亂，又隱隱聞到一絲女子幽香，則可能推測埋伏者是女性，並且有傷在身。而在過招時，如果這位俠客的江湖歷練夠高，通常也能迅速拆解對方的身手招式，從中推測是來自哪個門派、造詣如何，長處在哪裡，弱點又為何。

當你擁有足夠敏銳的觀察力，加上淵博的經驗，就能像推理小說中的名偵探，或是武俠小說中的高手俠客一樣，從對方的外表形象——包含肢體動作、說話方式與穿著——汲取線索，進而推敲出對方現階段的狀況。

其實說穿了，偵探與俠客就是頂級的形象專家：他們善於觀察，並且不只是對人本身的觀察，更是對他與周遭人事物互動方式的觀察。而在長期的教學經驗中，我也累積了一些觀人的心得，以下就與你分享（本篇我會專注在針對肢體動作和說話方式的觀察，至於與外表穿著有關的觀察，則留待 Q20 繼續解說）：

從起始語推測現階段狀況

若對方本來是個樂觀正向的人，但是你發現最近的談話中，他經常以「負面話語」做為起始語，那可能表示他最近處在低落的狀態。負面話語例如：可是、但是、不、我擔心……透露出他內心的擔憂、排拒或無力感，這時你需要理解他憂心躊躇的原因，並試著協助排解，或給予空間與時間，讓他自我修復。

從眼神看出人際關係

眼睛是靈魂之窗，而心靈的接觸也常從眼睛開始。一般而言，當兩個人之間信任感愈堅定、感情愈濃厚，其眼神交會的頻率會愈高；而你也會發現，當雙方最近有心結的時候，即使朝暮相處，眼神接觸也不會持續超過數秒。所以，當你察覺平日與你感情甚篤的朋友最近總是刻意將眼神別開，不妨關心一下他的近況；而若是平時關係密切的同事，最近在走廊上朝你迎面走來時，眼神不看你卻看著地板，或許正意味著他此時此刻不想創造連結。當然，不想連結的理由很多，或許是正處於思考狀態、忙碌狀態，或許是心中對你有芥蒂，因此不想與「你」連結，當然也可能只是因

為心情不好，你需要進一步地觀察推敲。

　　此外，透過眼神，你也可以看出對方在意誰的想法、在乎誰的感受。例如在會議上，當你提出一個話題，並發現 A 同事很快瞄了一下 B 同事，接著才做出反應時，就可以推測 A 很在意 B 的想法，或他們早已討論過此議題。而我也曾聽一位閱人無數的朋友分享：當一群朋友中有人說了笑話，大家都在哈哈大笑的時候，只要看誰的目光此時轉向你，就知道誰對你有意思或很在意你。我認為這個說法還蠻有道理的，大家不妨也在生活中觀察看看。

從握手看出教育背景

　　一般握手分成兩種體系：歐洲人握手時僅堅定有力地握一下，美國人在握住手後則習慣再上下擺動三至五下（歐洲人常笑美國人握手搖來晃去「像猴子一樣」），因此當你握手時發現對方是歐系握手，或許可以推測他曾經在歐洲受教育或有相關背景。❶

　　此外，有一種握法叫做「魚尾握」，意思是在握手時，將除了拇指外的四隻手指輕輕併攏「獻」出，讓對方僅握住他的四隻手指前端，以此致意。看到這種握法（無論是獻手者，或是握住對方四隻手指前端者）時，可以推測此人很可能有受過日式社交禮儀教育。然而，這種握法是屬於上

❶　　掃描 QRcode 看職場握手注意事項

一個世代的社交禮儀，建議職場上還是採用現代商場的主流握法為宜。

從介紹看出觀察力與體貼度

一個人如何介紹你，可以看出他的觀察力與為人處事的細膩程度。首先，一位有涵養且處事周到的人，無論在什麼場合，一定會體貼地將新來者介紹給在場的其他朋友，絕對不會讓你身處其中卻未被介紹——那無疑是暗示著「我並不想（或覺得沒有必要）讓你們彼此連結」。此外，一般人在居中介紹時，往往因為沒有介紹出此人的「亮點」，讓被介紹者顯得平凡無奇，導致其他人也對他興趣缺缺；而**觀察力與細膩度都夠強的人，能夠很快地察覺對方喜歡什麼，進而從被介紹者身上的眾多特質中，挑出一到三個對方最可能會感興趣的特質，並將此特質說出來。這樣的介紹自然就容易一拍即合，不但讓對方覺得自己非認識這位朋友不可，被介紹的人也會覺得很驕傲！**

舉一個我的親身例子，你就會明白了。不論在媒體採訪，演講或社交場合，我經常會需要被介紹。然而，每次聽到對方介紹我時說「陳老師很厲害喔！她都帶人家去買衣服！」我都會有一點尷尬，相比之下，令我印象最深刻的介紹之一是這樣的：「大家知道嗎？台灣有許多企業家要受媒體採訪的時候，都會打電話給誰？許多政治人物要談判但不知道要穿什麼的時候，會問誰？就是這個人，她是陳麗卿。」語畢，在座的企業家們都對我充滿了好奇，也讓我覺得備受尊榮，因為這段介紹在真實的同時又有文化深度。

從距離看出彼此的關係

距離，來自於「人類自我保護的本能」。我常提到這三種距離：

- **親密距離**：以自己為圓心向外擴張 45 公分左右（大約是一般人指尖到手肘的長度），此範圍就是你的親密距離。顧名思義，親密距離是保留給最信賴或最親密的人，只有夠信賴或夠親密的對象，才有資格進入到這個範圍內，而不會喚起你的警戒本能。
- **商務距離**：以自己為圓心向外擴張 90 至 120 公分。這個距離可以展現善意，但不到親密的程度，因此也是一般商務場合最常用到的距離。
- **探詢距離**：以自己為圓心向外擴張 200 公分左右。當你還不確定自己是否受歡迎、對方是否想與自己交談、對方是否值得信賴的時候，就會採取這個距離。

當你對這三種距離夠熟悉時，就可以迅速「讀懂」別人是否有準備好要跟你溝通。例如當你與部屬一對一談話，並且確認彼此都不是處在負面情緒時，就可以從他跟你的距離，來判定他現在「有多想跟你聊」：如果他與你之間的距離在 45 公分左右，那他可能正打算跟你吐露心聲甚至講祕密；若距離在 90 至 120 公分，表示你們可以好好談「事情」；若距離在 200 公分左右，那他可能只想快速講重點就要回去工作了，並不想占用你太多時間。

此外，從距離也可以看出兩個人的關係。如果你發現兩位同事平日看起來不特別熟，但是站在一起時卻站得很近，那可以合理推測他們之間應

該有密切的情誼；如果兩位同事平常關係不錯，但這段時間講話的距離都拉得很遠，那麼他們最近可能有些摩擦需要解決。

領導者 Notes ▶ 從肚臍方向，也能看出他人對你的感覺

除了距離之外，我們也可以運用在 Q14 中談過「肚臍法則」，來觀察對方是否想與自己溝通。例如，當你與別人溝通時，可以注意對方的肚臍是否有轉向你。如果沒有，或許此時他心中尚有其他事情占據，尚未為你完全騰出空間。如果他雖然在聽你說話，但肚臍卻對著另一個人，或許他更在意的是那一個人的想法（而不是你的）；也或者他心中正思忖著，等你說完，他還有話要跟那個人聊；又或者他此時需要注意該人的動向。

此外，在會議或飯桌上，你也可以觀察：有沒有哪一個人只要一開口說話，大家的肚臍就會朝他的方向轉過去？藉由此點，你就能發現這個群體中，誰的影響力最大！

身為領導者，敏銳的觀察力是必須的。關於別人在「玩什麼把戲」，你可以看在眼裡卻不點破，可是千萬不能置身其中卻渾然未覺。在這一篇中，我們談了肢體語言傳遞出的諸多訊息，下一篇我將繼續探討如何從一個人的「外表服裝」中觀察關於身分、地位、喜好、人格特質、家世背景的訊息。

如何透過服裝了解一個人？

　　Prada 的設計師謬夏‧普拉達（Miuccia Prada）曾說：「服裝是一種快速表達的語言。」無論有意為之或無心插柳，我們的服裝都透露了許多訊息，其中有許多細節或許連我們自己都未曾留意過！在本篇中，我將繼續與你分享從外表穿著來了解一個人的內在、個性、價值觀和背景的心得，或許也能成為你觀人的參考：

常常是場合中最亮眼的人

　　這種人不怕成為注目焦點，樂於豔冠群芳，只要經濟條件、身材條件許可，一定會盡其所能地讓自己光鮮亮麗。他們通常很愛面子，因此你除了可以指出他的出色之外，也要讓他感受到你的尊敬，切記不能在眾人面前提他的不好，否則他會跟你拚了！而如果有機會，也可以盡量請他「表演」，不論是在會議上徵詢他的意見、在社交場合請他上台致詞，或是在飯桌上請他負責點菜，只要給他舞台，他都會非常樂於接受邀請、展現自己。

公司沒要求，仍每天穿著專業得體的人

　　儘管沒有要求，仍然每天都西裝筆挺，或是穿著專業幹練的套裝、高跟鞋？你可以推測，這個人絕對很有紀律。這類型的人自我要求嚴謹，做事條理井然，不僅手提包、公事包裡面擺放得有條不紊，辦公室的書桌整整齊齊，可能連家裡的書桌都很乾淨，還會把棉被折成豆干的形狀！切記跟這樣的人溝通要清楚有條理：約好幾點開會就幾點開會，案子什麼時候截止就什麼時候截止，傳訊息給他不要冗長無重點，最好清楚列點，並且不可以有錯字。

平日穿著隨興，但重要場合絕對稱頭的人

　　平日穿著輕鬆，但一有重要場合，就一定會換上最好、最稱頭的服裝？平日不化妝，但需要的時候一定會全副武「妝」？這類型的人通常很目標導向，他的打扮不是為了好看而是為了達成任務。這種人通常使命必達，如果有任務在身，他一定會穿得很得體（儘管不一定有品味），而若沒有換上得體衣著，那肯定是因為他不清楚使命是什麼。因此不管你需要他怎麼配合，只要直接告訴他就可以了，他不會讓你失望的。此外，與他溝通不需要花太多時間閒聊，即使迅速切入重點，他也不會覺得你冷漠沒趣。

會修飾鬍鬚鬢角的男人

　　跟中午有洗臉習慣的男士相同，他們是十分在意整潔與形象的人。這種人通常對不注重個人衛生、穿衣邋遢的人忍受度很低，所以如果你公司

高階主管中有這種人，相信屬下們的穿著應該不會太離譜。

穿花色襪子／領結／吊帶，或將領帶打出凹槽的男人

儘管是穿西裝，他們也樂於將自己的西裝穿得與眾不同。這種人很注重品味，並且多半有文藝涵養或興趣，並以此為傲，你可以盡量向他們請教穿衣品味，他們會很樂意與你分享的。

鍾愛美麗鞋款的女性

腳，比臉更不容易說謊。對美麗鞋款情有獨鍾的女人絕對是愛美一族——無論是《慾望城市》（Sex and the City）裡的凱莉或前英國首相梅伊（Theresa May）皆然——擁有浪漫或創意的性格，並且喜歡談戀愛。要說服這樣的女性時，「感性訴求」通常會蠻有用的。例如當你想要請她接下新職位，與其說之以理，對她分析利弊得失，不如動之以情，告訴她「我需要你的協助，這個位子沒有你真的不行」。（事實上不只是女人，男人亦然。）

豹紋、蛇紋等動物紋愛好者

不管男女，通常都是十分性感且有個性，這樣的人常常是吃軟不吃硬，有事相求或要求時，千萬不要正面衝突，與其訴諸威脅挑釁或談判分析，不如謙和地與之商量，或者是適度地撒嬌、講出自己的難處，更有機會達成目標。此外，他們也是出了名的黑白分明、敢愛敢恨，只要認了你這個朋友，就會為你兩肋插刀在所不辭；但是可千萬別做出對不起他們的

事，否則他們翻臉可是比翻書還快的，一旦一落入黑名單，你就永無翻身之日了。

蓄鬍、留長髮的男人

任何蓄鬍與留長頭髮的男人，不管從事的是不是藝術性工作，其內在都有藝術性跟叛逆性的特質。他們不是凡夫俗子而是火爆浪子，擁有一種反權威、反主流的神祕魅力，也因為其叛逆的特質，他們十分抗拒被認為是平凡無奇的庸碌之輩。面對這種人，有時候講反話還挺有效的，例如AB兩者之間，你希望他選B，這時不妨告訴他「大家都選A，你要不要也選A？」這時他就算原本想選A，也會選不下去了！

隨身攜帶環保用品的人

如果你發現周遭的人是會自備環保餐具、環保吸管，買東西時拒拿塑膠袋……那他很有可能就是「不塑之客」。這種人通常有著特別強烈的使命感，因此當你需要說服他時，可以善加利用使命權威（詳見Q12），如果能夠將說服的主題與他的環保意識連結在一起，說服通常可以達成。例如若你需要將公司的大型活動交給他籌畫，但感覺他想推辭的話，就可以說：「我希望這次活動也可以為地球盡一份心力，盡量用環保的方式來做，就交給你來規畫如何？」如此他不但會接下重擔，更會盡心盡力地做到最好。此外，當你知道他的價值觀如此時，任何相對應的行動都會使他大受鼓舞，例如讓他知道，你因為受到他的影響，自己也開始不拿塑膠袋、自備吸管，這對他而言是非常大的激勵！

用名牌包包，並且是「淡色」的人

　　如果你省吃儉用買一個要價不菲的名牌包包，你會選擇什麼色？我想大多數人都會選深色，因為既然是縮衣節食買的，當然要選擇比較耐髒、耐用的深色。然而我在一些學員們身上看見「有錢人跟你想的不一樣」──大部分來自豪門，並且是「富二代」以上的人，會傾向選擇「淡色」──除非其家訓就是一個「儉」字，或是個人崇尚節省的價值觀！畢竟，「貴」的感覺是相對的，對於他們而言，儘管名牌包是「名牌」，但也只是實用品的一種，是買來用，而不是買來當傳家之寶的，與其注重保值性與耐用度，他們更注重自己跟此包是不是「來電」。並且，深色到處都有，淡色才顯得出特別！

　　此外，從一個人對待其愛包的方式，也可以看得出此人的背景是否雄厚。如果你看到一個人對名牌包呵護有加，下雨了還要把包包揣在懷裡，那麼這個包包多半是好不容易「攢」下來的；如果這個人對待名牌包的方式很自在，並且此包還是淡色、稀有皮質，那此人的背景多半不可小覷。

用高貴名牌，並且有明顯 Logo 的人

　　這種人勇於展現自己，也喜歡讓自己的好被看到，期待得到認同，包括專業成就與社經地位的認同。在我們的成長過程中，或多或少都會經歷過這個階段：好不容易靠著自己的努力，掙得了一筆大錢，自然就會想藉由高貴名牌來享受自己的努力、證明自己的能力、彰顯自己的身分地位。這時，你不妨肯定他的成就、讚揚他的品味，他心中必定會非常受用。

用高貴名牌，可是一般人看不出此品牌的人

這種人通常是低調的品味人士，他們不喜歡身上有明顯的 Logo，也不愛與別人相同，因此忌諱對這樣的人說：「你身上穿的，我上次在某某地方也看到過。」「你這支錶很好看，我也有買一支一樣的。」當你想讚美他的品味時不妨換一種說法：「哇！這就是傳說中的○○嗎？」這樣的說法，無形中強調出了他獨特的眼光，能讓他飄飄然呢！

只穿最舒適材質的服裝的人

如果有人告訴你，他穿衣服最在意的就是布料穿起來舒不舒適，任何材質只要有一點粗糙、一點刺癢，即便一般人穿起來都沒問題，他穿起來就會渾身不對勁，那麼他必定是屬於「觸覺敏感」的人。「觸覺」是人體感官中受器面積最大的一種感官，因此其敏感必定不僅止於衣著，而可以擴大到所有的肢體接觸。面對這種人，當你跟他還不熟時，建議不要站得太近；而如果已經熟稔，也確定他是喜歡你的，與他相處時就可以善用肢體接觸，如拍肩膀、握手、擁抱，你會發現他臉上瞬間綻放出的快樂表情與平時的他是很不一樣的！

擁有專屬名筆的男性

這種人一般都是知性的高知識分子，有一定比例出身自書香世家。他平常會將名筆放在自己的西裝裡面，開會時就拿出來放在桌上，無論作筆記或簽文件都用這一支專屬的筆，不會隨便以原子筆將就。他們是所謂的

「頭腦派」，最看不起不懂裝懂的人，面對他們時不妨參考 Q15 中針對「行家」的溝通策略。

　　最後提醒你，以上這些針對外表的觀點，固然可以成為你「觀人」時的線索，但也只是線索——千萬不要被單一線索所蒙蔽，而失去了深入了解一個人的機會。並且，當你在觀察朋友、客戶、主管，甚至競爭對手時，別人也正以相同的角度在觀察你。因此，請再度用導演的角度觀察自己，你的外表所透露出來的訊息，能夠代表真正的你嗎？畢竟你說的每一句話，做的每一件事，穿的每一件衣服，都是對世界的表態，如果因為疏於注意，讓外表「翻譯」的訊息與內在不符，而造成不必要的誤會，那就太可惜了！

公眾溝通
領導者是品牌代言人

「成功領導之鑰來自影響力，而非職權。」
—管理大師 肯·布蘭查（Ken Blanchard）

接受媒體採訪，該如何選擇上鏡服裝？

網路時代，領導者上鏡上媒體的機會大增。然而媒體鏡頭就像一把雙面刃，表現得好，將為你贏得眾人的心，更為企業大大加分；反之，只要一個不留神出點小瑕疵，也會在鏡頭前被無限放大。

很多學員告訴我，他們之所以來上領導者魅力課程，就是苦於「鏡頭恐懼症」或經歷上鏡頭後的「心靈創傷」，才痛定思痛，決定前來尋求協助。他們說，接受媒體採訪或拍影片、直播時，原本覺得應該沒什麼大不了，穿著、說話與儀態自然就可以了，卻萬萬沒想鏡頭畫面就如同時光靜止，一丁點的小瑕疵都會被放大。即便是原本刻意安排、覺得是優勢的地方，鏡頭中卻轉成為令人懊惱的缺點。例如：

穿著得體大方，在鏡頭前卻變得平淡無亮點，甚至隱沒在背景中；
特別穿了最好的名牌精品，在鏡頭裡看起來卻沒有貴的感覺；
思考時皺眉的表情，平時看起來認真，鏡頭上卻顯得嚴肅難以親近；
與真人對話時眼神真摯穩定，看著鏡頭時卻無法控制地閃爍焦慮；

明明小腹還算平坦，拍起來肚子卻很明顯；

講話雖然能清楚表達，卻無法觸動人心；

當下覺得自己回答得還不錯，之後聽起來卻覺得有損企業格局；

提到的重要觀點被剪得一乾二淨，甚至被斷章取義……

無論你喜不喜歡，大概都得承認：「面對鏡頭」已是領袖魅力的基本功。因此，許多企業會為高階主管們安排「上鏡頭」的全方位形象訓練，包括鏡頭前的穿著、肢體風範、口語表達等。甚至也會為重點培養的中高階幹部安排上鏡頭訓練，一來未雨綢繆，二來從鏡頭前的表現亦能觀察出這些幹部們的特質，並成為未來人事布局的參考值。

針對種種與「面對鏡頭」相關的形象疑問，後面篇幅我將一一為你解答，就讓我們先從「穿著」開始吧！

問「穿什麼」之前，你該思考的是……

「要接受某媒體採訪，但是不知道要穿什麼？」這是我經常收到的求救訊息。

然而我丟回去給學員的不會是一個解答，而是更多的問題：你這次的媒體採訪是以什麼角色接受訪問？你想傳遞的是什麼訊息？訪問你的是什麼媒體？平面採訪、錄影或直播？在哪裡露出？長度多長？拍攝的鏡位為何？是站著或坐著？需要起來走動嗎？背景顏色？有沒有主持人？主持人穿什麼？……（以下省略）

通常學員面對這一連串的問題，不但訝異，心中更升起緊張之情──

不過就是挑個衣服，怎麼會有那麼多的問題？然而，隨著我們一一釐清這些問題與其解答之後，他們心中的疑慮就被逐一消除，惴惴不安的心也平靜了下來。他們體認到：唯有先掌握這些細節，再來決定穿著形象才有意義。如果略過了這些討論，直接跳到挑選衣服的環節，無異於未做充分的市場調查，就貿然決定推出新產品，不僅冒著不可預知的風險，投入的資金也可能有去無回。

這些細節看似繁雜，但背後卻都有脈絡可依循，只要弄清楚其中的邏輯，就能迅速為自己制定出適合的媒體穿著方針。而為了讓學員們未來面對媒體訪問時，能靠自己打理出適合的形象策略，我將這些年來協助學員們準備媒體採訪穿著的方法歸納成「**媒體穿著 CCC 法則**」：Confident（自信）、Contrast（對比）、Consistent（一貫）。

Confident 自信：準備媒體戰袍，彩排讓你更自信

任何上媒體的穿著，都必須是讓你自信十足的穿著。自信，包含身體層面的自信，及心靈層面的自信：這件服裝不僅得和你的身體完美契合，讓你絲毫不用顧慮它是否會綁手綁腳、限制行動、會皺、會變形或會走光；當你穿上它的時候，更是需要無庸置疑的好看、適合，且能強化你的目標，達到「衣如其人、人如其衣」，乃至於「衣人合一」的境界。

至於要如何做到這樣？我認為最好的方法，就是平日即準備好讓你自信十足的媒體戰袍，並跟它培養足夠的默契，而非臨時抱佛腳，穿著「新衣服」（甚至是前一天才買的新衣服）上媒體──這就好比帶著一把全新的武器上戰場，武器雖然好，但你連它的用法都還沒搞清楚，當然別談克

敵制勝了。

而為了讓自己充滿自信，你需要準備周全，其關鍵就在於「著裝彩排」（Dress Rehearsal）！著裝彩排是舞台劇在正式演出前一定會進行的過程，它的意思是穿著正式的「戲服」進行彩排：演員在上場前，會確認自己所有的戲服、鞋子、道具，並且在舞台上真實的走路、跑步、跳躍、舞蹈甚至打鬥……總之，一切都比照正式演出。舞台劇如此，你要上鏡頭時也該如此——實際穿著受訪時要穿的服裝，實際以受訪時的姿勢，在鏡子前或鏡頭前進行模擬試演。

著裝彩排，不僅讓你有機會預先發現這套服裝是否符合該訪問的需求，將發生意外的機率降到最低，更重要的是，透過這個過程，你會與這套服裝「磨合」——包括身體的磨合以及心理上的磨合。如果這件服裝的類型是平常不熟悉的，更會需要刻意磨合，使服裝完完全全與你的身體／心理合而為一，進而讓你能毫無後顧之憂，自在地發揮實力、綻放魅力。而即使是不需要上鏡頭的文字訪問、廣播訪問，當服裝能讓你自信自在，你的表現自然也會更出色。

身體的磨合期

我們常聽到有人說「穿了西裝渾身不對勁」，這通常就是因為平日沒有穿西裝的習慣，遇到重要場合，不是臨時添購就是租借，或是挖出衣櫥裡那套從結婚後就再也沒穿過的西裝，未經歷磨合期就直接上陣。如此穿起西裝，當然就無法如平日般地無拘無束，或許是感覺太緊以至於活動時綁手綁腳，或許是感覺不像自己，有如披著「戲服」般不自在。

又如鞋子：因為新鞋鞋跟的高度、粗細或鞋型構造跟往常不同，走路時的施力點也會跟著不同，所以買了新鞋後，需要經過幾次磨合期，如第一次在家裡穿三十分鐘、第二次在辦公室穿半天……當鞋子與你經過這樣的「磨合」之後，再穿著它正式出場，此時的自在程度，以及應運而生的亮麗與自信程度，必定是不同的。

心理的磨合期

第一次把平日寬鬆的西裝褲換成合身版型西裝褲的人，多半會需要一段時間去習慣自己的模樣；平時很少露腿的人穿上迷你裙，也會暫時不適應身上聚集過來的眼光，甚至會想「其他人一直行注目禮，是不是我穿這樣很怪或不好看？」

人有「明星效應」——認為周遭發生的所有事情都與自己有關，因此在嘗試新的穿著方式時，經常會覺得自己非常醒目，一舉一動都受到關注。然而，實情並不一定如此，很多時候只是因為還不習慣，因此放大解讀他人的每一個眼神或表情。只要給自己時間，慢慢就會適應了。

如果想加快心理的磨合速度，你也可以連續幾天、每天三十分鐘在家穿著這件服裝。雖然在家刻意穿著西裝褲看電視、穿著高跟鞋和迷你裙打電腦……看起來可能有點荒謬，但確實能讓你的心放下對這件衣服的「戒備」，而更能與之合而為一。

**預防勝於治療！
著裝彩排助你避免這些窘境**

在著裝彩排中，請記得不要只是靜靜站著，而要實際模擬當天的座位、姿勢，把屆時可能的走位與動作都執行一遍。這個過程非常重要，除了更能體驗到服裝舒不舒服、像不像你之外，還可以預先發現並預防以下狀況（但絕對不限於此）：

· 舉起手來才發現上衣不夠長，會露出肚子。

· 衣服布料不夠挺，導致坐下時肚子的三層肉看得一清二楚。

· 襯衫的釦子與釦子之間繃開縫隙，從側面能看到內衣。

· 活動時內衣肩帶滑落或露出。

· 低頭或身體前傾時露出胸線。

· 站時舒適的褲子，坐下時卻緊繃到有裂開的疑慮。

· 站著剛剛好的裙長，坐下卻變得太短。

· 服裝的線條站著時是好看的，但坐下就不美了。

· 服裝在雙手不動時看起來很好，但一做手勢就變形；或是當你坐著並將手肘放在桌上時，肩膀處就會拱起來。

· 配飾在靜止不動時很美，但身體一動就會產生噪音。

· 腳和鞋子之間有空隙，走路時會發出空氣擠壓的噗噗聲。

· 鞋底的標籤忘了撕除，翹腳時大家都看到你的尺碼了。

· 眼鏡在攝影燈光照射下會反光。

· 服裝在攝影燈光照射下過於透明。

· 全身穿著的重點在下半身，但鏡頭卻拍不到。

小心「摩爾紋」！

你或許曾經在電視上看過這樣的景象：當受訪者身上穿著細條紋服飾時，他的衣服上會不時出現一片不斷跳動的波浪形條紋圖案，那就是「摩爾紋」（Moire Pattern）。摩爾紋是一種光學干擾現象，常出現於用數位照相機、攝影機等設備拍攝「有著細密排列印花的布料」的時候，而「條紋」服飾就是最常見的案例。摩爾紋一旦出現，就會造成視覺強烈干擾，讓人看了不適也無法專注，因此建議你：不論再怎麼喜歡穿細條紋，上鏡頭時還是盡量避免為宜。

Contrast 對比：掌握場地背景資訊，服裝選擇才能到位

上鏡頭就是一場秀，而一場秀要成功，一定要考慮服裝與背景的加乘效應──背景之於服裝，可是有著決定性的影響力！這也是為什麼當學員問我上媒體該怎麼穿時，我會請他們先向製作單位要「訪問場地背景照片」的原因了。畢竟，觀眾眼中看到的不是只有受訪者，而是「受訪者＋背景」的組合，相信沒有一位受訪者不希望自己從背景中凸顯出來吧？而要避免隱沒在背景裡，在選擇服裝時一定要掌握「與背景呈對比」的原則，並且訪問的時間愈長、訊息的主題愈「硬」，服裝與背景之間的對比就需要愈強烈。

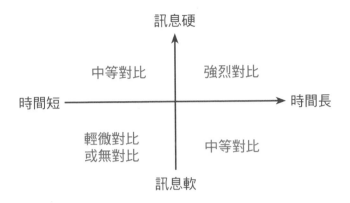

強烈對比

　　你大概也有過這種經驗：聽演講時，當演講的長度愈長，主題愈「硬」或無趣的時候，往往就愈容易恍神！這是由於人的注意力強度往往與時長與主題緊密相關，所以時間愈長、主題愈嚴肅（或是你預期觀眾會覺得枯燥、難以聚焦的主題），愈需要運用「與背景強烈對比」的服裝，來刺激觀眾的視覺專注度。

　　多長叫做「長」？二十分鐘是一個參考值，只要超過二十分鐘，你的服裝就需要與背景呈一定程度的對比。例如，背景是淡色時可以穿深色；若背景是素色，圖案印花服裝或色塊的搭配效果就會很好（但不限於此）；相反地，如果背景是複雜的，那麼素色服裝是比較安全沉穩的選擇。

中等對比

　　而如果訪問時間較短，或是主題較「軟」的時候呢？為了兼顧足夠的視覺專注度，與營造溫暖和緩的氣氛，可以讓服裝與背景呈「中等對比」。例如訪談背景為白色，主題雖然偏硬，但長度只有兩分鐘，此時你就不一

定需要穿到黑色（強烈對比），只要穿灰色，對比程度就綽綽有餘了；而若背景是深咖啡色原木牆面，訪問的時間較長，但是主題是溫和且大家都會感興趣的，你也可以採用相同的策略：穿上淡色服裝，和背景構成中等強度的對比。

輕微對比或無對比

若訪問的時間既短，又是軟性主題，對比即便非常輕微（甚至沒有對比）亦是可行的。例如當背景為白色時，你穿淡淡粉粉的服裝，甚至是白色服裝，兩者之間對比輕微，能傳遞出輕盈的整體氣氛，很適合短而溫和的訊息傳遞。

我的學員 Diana 是個時髦的女企業家，平日穿著花俏鮮豔，也樂於成為眾人當中最吸睛的那一位。有一次她受邀在電視節目中訪談，為此她既期待又緊張，特別從我為其搭配的造型目錄中挑選了三套最喜歡的造型（當然都是花俏鮮豔且吸睛的），並請我從中幫忙選出一套。然而，在我看了她傳來的背景照之後，決定對她直言：當天的穿著可以吸睛，但是不能像平常那樣花俏鮮豔，而必須反向操作。

因為攝影棚的背景與陳設已經很花俏、很鮮豔了，而這段針對她創業歷程的訪問時長接近一個小時，若穿著也走相同路線，不僅她無法從背景中凸顯出來，也顯不出質感。我建議她，在這樣花俏的背景受訪，反而要穿得淡雅低調，方能成為焦點、突出個性、顯出質感。後來我們挑中了一襲米白色洋裝，搭配設計簡單高雅的深藍色西裝外套上節目，當天她開心

地傳照片給我，並連聲說：「還好有事先討論規畫！」

除了要避免與背景同色之外，服裝也要避免與「椅子」同色。有一次我到中廣上夏韻芬小姐的節目（現場也同步直播錄影），說也奇怪，明明我每個月都會到那間錄音室，也知道錄音室的椅子是黑色的，那天偏偏就是忘了這件事，而穿了純黑色的上衣去上通告。果不其然，當我往椅子上一坐，黑色的椅背從我的身後「凸」了出來，讓我看起來像是聳著肩般不自然。還好同行的同事反應很快，馬上解下她身上的藍色圍巾披在椅背上，化解了這次的聳肩危機。

領導者 Notes　更進階的服裝策略：配合主持人的穿著

在選擇媒體穿著時，除了背景等資訊，我也會詢問當天主持人會穿什麼，並依循他的答案來決定自己的穿著。以下是我的考量點：

- 正式度與主持人差距不大
- 穿著模式與主持人不完全相同
- 不比主持人更吸睛耀眼，以免整個畫面只看到我

在我的經驗中，許多男主持人會有自己習慣的穿著模式，例如有人總是穿不同設計的黑色西裝配白襯衫，有人總是穿格子襯衫，有人只穿 Polo 衫，有人則以襯衫＋吊帶的搭配著稱。而女主持人的穿著變化就大了，與其自行猜測，不如主動詢問，即使對方還沒有確切的答案，只要大致知道對方會

穿什麼顏色、什麼款式就夠了。例如，上鏡頭時我常喜歡穿白襯衫，但是如果知道主持人會穿白色或穿襯衫，我就會改穿其他服裝，這樣兩人同時出現的畫面才會有韻律感。

Consistent 一貫：慎選媒體與主題，維持一貫形象

Consistent（一貫）這個字，兼具了連續性與連結性兩種涵義，我們可以將它視為：時間軸上的縱向連續，以及在不同場合／媒體之間的橫向連結。

領導者只要上鏡頭，無論訪問的主題是關於企業的理念，或是個人的 Lifestyle，都應將之視為企業「形象行銷」的一環（其不同僅在於是直接行銷或間接行銷罷了）。因此，不論你已經是媒體常客、是擁有自媒體的意見領袖，或是平日都很低調，只在需要時才難得在媒體露臉——**你透過媒體傳遞出的訊息與形象，都需要和平日公司的企業形象、產品定位、廣告行銷訴求一以貫之。**

還記得我們在 Q9 談到的「形象策略三圓圖」嗎？不妨將此三圓圖做為基礎，加上自己最適合的姿勢與鏡頭比例（參見 Q23），並持續重複，來強化這個鏡頭形象。之所以要有意識地不斷地重複這個形象元素，是因為藉由日積月累的重複，時間一久，就能深入大眾的心田，成為丟也丟不掉的「心像」了。

除了視覺上的一貫，也別忘了聽覺上的一貫與訊息上的一貫。你口中說出的話語需要有一貫性，不能在這家媒體這麼說，到了另一家媒體就改口；談話的內容，也需要一直扣緊你的核心訊息。

有時候為了維持訊息的一貫性，甚至會需要「挑」主題、「挑」媒體——當此媒體訪問的方向超出了你的專業領域、與你想談的主題相差太遠、同台的來賓層級與你相差太多，或該媒體的文化與價值定位並不符合你的信念，碰到這種情況，與其硬是受訪，不如誠意禮貌地婉拒。切勿到處蹭熱度、蹭流量，逮到機會就露臉，不管人家請你談什麼都暢所欲言、任何媒體請你露臉都來者不拒。畢竟你的目標是為自己的企業代言，而不是成為什麼都可以談、對誰都可以談的名嘴。

領導者 Notes ▸ 別讓穿著扯你後腿

美國前總統夫人梅蘭尼亞・川普（Melania Trump）曾在聯合國午宴演講中穿上一襲鮮豔粉紅色大衣式洋裝，然而這個走在時尚尖端的造型並未幫她贏得讚許，反而在網路上成為眾矢之的。❶

引起討論的根源在於，梅蘭妮亞演講的主題是反對網路霸凌，呼籲保護小孩免於暴力、恐懼、挨餓的威脅，然而，她身上價值近三千美元的 Delpozo 豔粉紅鐘型袖洋裝卻扯了演講的後腿：如同芭比娃娃般鮮豔的粉紅色，充滿華麗夢幻的信息，跟無助的兒童相去甚遠；而澎澎的大袖子浪漫且富藝術感，也是努力掙扎謀生的平民望塵莫及的。在這種宣揚人道、正義價值的場合，如果能選擇低調的中性色（黑、灰、白、深藍、褐色系）和簡單的款式，效果會好得多。

大家不妨試著回想，**當你面對一個人，他口中說的話和**

表現出來的樣子不一致的時候，你會相信他的話語還是親眼所看見的影像？我想大多數人都會選擇相信自己親眼所見，進而做出評斷與判斷。在此事件中，儘管梅蘭妮亞口中說著精心撰寫的稿子，卻忽略了當天的場合並非時尚場合——造型美則美矣，傳遞出的印象卻和演講訊息互相矛盾，並且讓觀眾只注意到服裝，而忽略了其富有使命感的善意訊息，真的是一場徒勞，可惜了。

❶　掃描 QRcode 看新聞範例

領導者 Notes　媒體說會帶妝髮造型，可以放心交給他們嗎？

　　Helen 是台灣某製造業龍頭的領導者，她在課堂上分享，有一次接到某知名時尚雜誌採訪，當時一得知當天妝髮會由專業彩妝造型師包辦，造型也由精品品牌贊助，她原本還在煩惱「要穿什麼」的心就瞬間安頓了下來，並且開始對那一天充滿了期待。

　　然而，Helen 雖然外表很有女人味，性感的外表下藏著的卻是瀟灑直率、「大姐頭」般的個性。當天造型師們看到她的外表，果然把她塑造成一個「大美女」，然而她卻怎麼看怎麼不習慣，覺得這個照片裡的「大美女」一點也不像自己。

　　Helen 說：「雖然那篇訪問的內容還不錯，但是因為照片

太不像我，直至目前為止我還是不想把這篇報導傳給別人看，也不想放在公司的網站上。」她補充，「漂亮很好，但是我不希望自己被誤會是靠『美色』上位的。」

這個故事告訴我們：即使媒體提供專業彩妝造型師，但請相信：除非有良好的溝通，否則要在有限的了解與有限的時間中，為你做出既好看又能符合內在個性，且能強化你計畫傳遞之訊息的造型，實在不是一件容易的事。因此，建議你培養自己的形象班底──就像蜜雪兒・歐巴馬背後的黃金三人組（形象顧問、髮型師、化妝師）一樣──他們需要是最了解你的人，知道如何依照你當天的狀況或是想傳遞的訊息，來擘畫你的形象。並且不只是媒體訪問，不論出席任何重要場合，他們都是你最好的後盾。

如果真的需要委託媒體的彩妝、髮型師，請記得：與其讓對方從零開始發揮，不如直接「複製成功經驗」，更能事半功倍。你可以直接告訴他們你期待的妝感、髮型是什麼樣子，最好以圖片來輔助說明，有了好的溝通，就能大幅降低「成品與預期不符」的可能性了。

面對鏡頭的眼神該如何安放，
才顯得游刃有餘？

現在，你已經掌握了上鏡頭時的穿著策略，接下來，讓我們談談「眼神」吧！**眼神，是判斷一個人是否熟悉鏡頭最直接的指標**，本篇的目的，就是協助你從面對鏡頭時不知道該看哪裡的鏡頭門外漢，變成能在鏡頭前泰然自若、真實交流的上鏡行家。只要透過對的方法，你也能夠在短時間內與鏡頭變成好朋友，而與鏡頭變成好朋友，就是與觀眾變成好朋友！

為了讓你更容易套用至實際情境，以下我將「上鏡頭」略分為「有主持人」與「沒有主持人」兩種狀況：

有主持人：如朋友般互動

先說結論：當訪問現場有主持人時，你有兩種方法可以選擇。**如果你並不怕鏡頭，或是已有充足的受訪經驗，可以看主持人＋鏡頭；而如果你是受訪初學者，或是看鏡頭會不自在，那只要看主持人就可以了。**

經驗豐富的受訪者：看主持人＋鏡頭

　　訓練有素的受訪者可以把主持人當成是一個說話對象，把鏡頭當成另一個說話對象，也就是說，接受訪問時就像在跟兩個人說話，看看這位朋友（主持人）、看看那位朋友（鏡頭），就像平日聊天般的輕鬆自然。

較無經驗的受訪者：看主持人

　　然而，不是每個人都有本事「把鏡頭當成好朋友」。如果你跟鏡頭不熟，要把鏡頭當成一個真人來對話，真的很不容易。此時，你可以將現場視為只有「你＋主持人」兩人獨處，說話時專注於主持人，當然眼神也只看主持人。不用擔心沒看鏡頭會顯得生嫩，因為觀眾此時看的是一場你與主持人共同演出的秀，即使你沒有直接跟觀眾對話，只要你與主持人互動良好、表現專業，一樣能贏得觀眾的心。

　　說穿了，主持人就像是觀眾的「民意代表」，其最大的任務就是代表不在場的觀眾們問出他們心中想問的問題，甚至是他們根本不知道自己想問的問題。而正因為主持人與觀眾之間是「一國的」，你怎麼跟主持人互動，觀眾也會覺得你正以相同的方式與他們互動。

　　所以當你想讓觀眾喜歡你、信賴你時，最快的方法就是讓主持人喜歡你、信賴你；當你想讓觀眾把你當朋友，就要讓主持人與你互動熱絡、有說有笑；同理，如果你與主持人之間冷場沒話聊，觀眾也會覺得與你距離疏遠、缺乏連結。

不看鏡頭 ≠ 不給鏡頭看

不過，即使你想盡其所能地加強與主持人的互動，我仍要特別提醒你：你可以不看鏡頭，可是不能「不給鏡頭看」！

先建立一個基礎概念：**「臉」是傳遞訊息最重要的媒介，為了讓訊息完整傳遞，觀眾需要盡可能地看到你的臉，並且面積愈大，傳遞愈完整。**

然而若主持人與你的位置是平行的，也就是兩人並肩、同時面對鏡頭，這時你為了要和主持人四目相對，會不自覺地把整個頭轉向主持人，因此透過鏡頭，觀眾大部分時間只會看到你的半邊臉，訊息的傳遞也就硬生生地少了一半。

我的好朋友——知名廣播電視節目主持人與職場專家李大華教授告訴我一個祕訣：**與主持人並肩而坐時，不需要完全轉頭看著主持人的雙眼，而是往主持人的方向微微轉頭，焦點放在主持人外側的眼睛**，例如當主持人坐在你的右側，你就可以朝右邊微微轉頭，焦點放在他的右眼。如此，雖然你看的只是主持人外側的單眼，而非雙眼，但是畢竟還是有眼睛接觸，所以不僅在鏡頭中看起來是四目相對，也有助於彼此間的互動。此外，因為轉身的幅度不多，觀眾能看得到你四分之三的臉，比起完全的側臉，更能接收到你的表情，進而讀取你想傳遞的訊息。大華進一步加碼：如果能夠坐得比主持人稍微後面一點，你的轉身會更不費力、更自然，大家不妨一試！

一對多訪問的眼神技巧

當現場有其他來賓時，你不只要看主持人，也要看其他來賓。想像你和其他不熟的朋友一起到主人家作客，應該不會只和主人互動，而把其他人當空氣吧？一對多訪問也是如此：發言時，眼神要同時照顧到主持人與其他來賓；當其他來賓發言時，要專注聆聽與參與，而肢體動作也要表現出「專注聆聽與參與」的樣子。如果此時你的表情看起來索然無味、呆滯放空、無精打采、對他人的談論無興趣，甚至低頭做自己的事，即使你實際上有在聽，或是很認真地在準備接下來的發言內容，透過鏡頭卻會讓你看起來像個「冷漠、現實、事不關己」的人。

沒有主持人：與鏡頭自在對話

如果你是在戲劇科班主修表演的學生，多半對「獨白」不陌生。獨白在戲劇專業訓練中，不僅是一個被獨立出來的課題（如「莎士比亞獨白」就是一堂獨立的課），而許多表演主修的學生在畢業之前也會被要求主演一場「Solo」，也就是獨角戲。一般而言，舞台劇只要有兩個以上的角色，角色之間就能互相做為投射與互動的對象；相比之下，Solo 對演技考驗更大，也更能看出一位演員的個人魅力與表演功底。而你雖然不是主修表演的學生，但是不可避免地，也會遇到需要單獨面對鏡頭「Solo」的時候：例如談產品、談理念、談公司的計畫與願景、給員工的一段話……或許你的考驗比舞台上的演員更嚴峻，因為演員可以跟觀眾互動，而你的面前，

卻只有鏡頭！

　　直接與鏡頭對話，是很多人的罩門。一來，面對鏡頭時眼神難以對焦，二來，少了真人的臨場回饋，往往讓人覺得像「自說自話」般地虛空、疏離，難以真情流露。也正因如此，面對鏡頭時，眼神容易失焦、失去溫度，變得犀利或僵硬，而緊張與焦慮也在鏡頭面前一覽無遺。到底有沒有什麼方法能迅速化解直接面對鏡頭的緊張，或至少讓自己「看起來不緊張」？答案是：有的！以下就與你分享：

創造一位「鏡頭外的主持人」

　　這是我從電視新聞記者身上學到的技巧：每次接受電視新聞臨時採訪時，記者或攝影工作人員會請我不用看鏡頭，只要看著記者回答即可。此時記者多半會站在攝影機旁側，當我正面面對記者時，在鏡頭中的我則是微側著臉，看起來就像是在聊天般地自然。

　　所以，當沒有主持人時，你可以請一位朋友或同事來擔任此角色，唯需要注意此人要是「啦啦隊」而非「糾察隊」——他得是那種表情友善、眼神親切、肢體動作開放，並且不論你講什麼，都對你充滿讚許的人；避免表情嚴肅、眼神犀利、肢體動作封閉，或是他皺個眉、翻個白眼，你就會在意到不行、愈講愈緊張的人！

移情於「道具」上

　　有時候，僅是手上拿個「道具」也能夠緩和緊張感。就如同相聲演員手上常會拿把摺扇，這把摺扇不僅是說學逗唱的道具，對於還不夠有經驗

的人，也能緩解「手不知道該擺哪裡」的緊張，你也可以如法炮製！你的「道具」可以是筆、板夾、自家公司的產品、吉祥物娃娃⋯⋯總之只要讓你的手有個地方安放，就能大幅緩解不知所措的窘境。

運用「柔焦」法，讓眼神親切放鬆

如果你面對鏡頭時，容易因緊張而讓眼神變得嚴肅、僵硬、死板而缺乏感情，在此與你分享兩個方法：「照片柔焦法」與「距離柔焦法」。

- **照片柔焦法**：這個方法雖然有點笨拙，卻頗為有效，那就是將自己喜愛的人或寵物照片，放在鏡頭上方或下方（如果沒有照片，也可以用想像的）。這個方法療癒了我的「鏡頭恐懼症」，特別當我談的主題與形象管理專業有關時，對我最有效的照片就是「一群學員在教室上課」的景象，當我看著照片裡學員們的笑臉時，身體與眼神就會自然放鬆了。

- **距離柔焦法**：當你運用照片柔焦法，慢慢克服對鏡頭的恐懼以後，就可以試著採取操作起來更方便快速的「距離柔焦法」：將眼神的焦距定在「鏡頭後面約 30 公分」的位子（如果鏡頭後是攝影師，就可以看著攝影師說話），這樣眼神就會柔和多了。

有了好的準備與練習，在媒體上侃侃而談就不再遙不可及。隨著練習，你會愈來愈適應，即便上鏡頭對你而言還不是一件從容享受的事，至少別人再也看不出你的緊張了！而好的準備，除了穿著與眼神之外，更包含了肢體動作與回答問題的技巧等，我們將在接下來的篇章繼續討論。

在媒體鏡頭前
如何讓自己看起來最上鏡？

Q23

讓我們先面對一個事實：關於你上不上鏡，媒體真的沒有那麼在乎。

　　當然，媒體會幫你的形象做最基礎的品質控管，但是他們心目中的你，和你對自己的期待標準，往往是有落差的，並且落差應該不小。當媒體採訪你時，儘管他們知道你在業界的卓越地位，將你視為意見領袖，但是他們對你外表的期待還是屬於「正常人」。因此，如果你的長褲拉鍊沒拉、牙齒上有菜渣、衣服標籤露出來，稱職的媒體當然會善盡提醒之責。但是你一定也同意：你對自己的期待，不會只停留在「正常」就好，而是希望能有「水準以上」的演出吧！而要達成水準以上的演出，在形象上需要更細緻的把關，這往往就超出媒體的工作範圍了。

　　例如，當你的襯衫領子塌了 0.5 公分、頭髮翹起了幾根，他們可能不會注意到，即便注意到了也覺得這是常態；你當天彎腰駝背、眼袋浮腫，在他們眼中仍是合理的，因為「這是一般人常有的樣子」；而當你一坐下來，肚子上的肉擠出來了，他們還是會安慰你「看起來很自然啊」！

即使媒體工作人員告訴你：「畫面很漂亮」、「表現很好」，你也要有一個自覺：**你，才是真正看過自己最佳狀態的人；也只有你，才是了解自己剛剛的表現是否符合標準的人。**當然，媒體工作人員絕對不會故意欺騙你或敷衍你——從某個程度他們其實是真心的，到底他們只見過你這麼一兩次，在有限的標準裡，你真的已經很棒了。況且，媒體眼中的「畫面漂亮」，通常不只是指你本人，更包含光線、構圖等攝影美學上的考量；媒體眼中的「表現很好」，可能指的是講話很順暢，或是有講到他們需要的觀點，能夠在短時間內剪輯完成，跟你心中期待的漂亮、表現好通常不一樣。

說實在的，媒體工作人員的工作是拍到「媒體需要」的畫面，而不是「受訪者想要」的畫面（當然，由你買單的廣編稿除外），因此我們不能怪對方失職，因為對你的形象吹毛求疵，自始自終就不是他們的工作。所以除非是非常信任且熟悉的媒體，強力建議你在受訪時要「自立自強」，自己為自己的形象把關。而對彼此都最有效率的方式，就是事先找出專屬自己的最佳上鏡策略，受訪時直接請媒體以該方式進行拍攝。這樣的工作方式不僅能讓你每一次上鏡頭皆能達到水準以上的表現，對面臨截稿壓力的媒體而言也能大幅節省工作時間，因此他們多半也會樂意配合。

找出最有鏡頭緣的拍攝角度

要找出自己的最佳上鏡策略，具體操作方法是這樣的：請一位你信賴的人拿著手機或相機，實際模擬媒體的攝影角度，找出最適合自己的拍攝角度與比例。

根據每一個人臉型、五官比例、肌肉紋理的分布狀況與髮型的不同，有些人拍左臉好看，有些人拍右臉好看；有人可以正面面對鏡頭，有些人則需要微微側身、以臉的四分之三面對鏡頭；有些人一拍側面，雙下巴就很明顯，需要靠打光或服裝、化妝來修飾；有些人後腦杓頭髮稀疏，或是頭頂髮根處有一圈還沒來得及染的白頭髮，這種人拍正面完全沒問題，但需要避免從俯視或側面的角度拍攝；如果你在意自己的眼袋或皺紋，則要特別注意燈光，千萬不能平日眼袋並不明顯，燈光一打反而變醒目了。你可以運用下表中的參考值，找出自己哪一個角度最有鏡頭緣、哪一個角度需要避開或修飾，進而制定出專屬的上鏡策略。

找出最適合自己的拍攝角度

適合的角度	□正面　□左側臉　□右側臉 □向左 3/4 側臉　□向右 3/4 側臉 □平視　□微俯角　□微仰角
需避開的角度	□微俯角　□微仰角　□側面　□背面
打光時需要注意的部分	□眼袋　□法令紋　□下巴紋　□脖紋 □眼鏡陰影　□眼鏡反光

我常建議學員在接受重要的採訪拍攝時，務必要請一位信賴的人（例如公司的幕僚或公關）陪著你一起受訪。因為在受訪過程中是沒辦法看到自己的，而這個人就需要成為你的另一雙眼睛，以你的標準來觀察你、提醒你哪裡需要調整，甚至在必要時及時喊卡，待調整好後再繼續拍攝。

如果你身邊沒有這樣的角色，也可以試著直接請求媒體朋友的協助。我有一位學員每次受訪，都會帶著好吃的點心當伴手禮，並表明自己真的很在意眼袋，拜託工作人員們拍攝時特別幫忙留意，此舉不但總是活絡了拍攝現場的氣氛，也讓他確實從「眼袋詛咒」中解脫了出來。

領導者 Notes　敢於面對真實，才能戰勝真實

建議你，每一次拍攝完，都要看自己在鏡頭前的樣子與表現，並從中汲取經驗（不論是正面或負面的），成為下一次修正的參考。雖然大部分人認為「看自己在鏡頭上的樣子」的經驗很可怕，可是就是因為怕，所以更不能逃避，畢竟：現在因為怕而不看，未來只會愈來愈可怕！

了解自己的「直線比例」，找出最佳鏡頭比例

鏡頭，是創造視覺幻象的高手，鏡頭比例掌握得好，有機會讓你對自己滿意至極，但是若鏡頭比例掌握得不好，也可能創造出讓你失望的視覺效果。即使你不奢求完美，只求不「走鐘」，也應該要了解自己適合的鏡頭比例。

常見的鏡頭比例

	拍攝範圍	常見應用
特寫鏡頭	只拍攝特定部位，例如臉部、手部等	強調、說明、情感的詮釋
胸上鏡頭	胸部以上入鏡	一般採訪、訪談
半身鏡頭	腰部以上入鏡	
3/4 鏡頭	膝蓋以上入鏡	較常見於劇情片（若是於訪談使用，通常用於多人站姿訪問，或是短時間的穿插鏡頭）
全身鏡頭	全身入鏡	

　　在找出適合自己的鏡頭比例之前，需要先瞭解自己的身材比例。通常我們談到身材時，聯想到的會是胖瘦、三圍比例等橫線比例。但是在鏡頭前還有一個很重要的考慮點，那就是「直線比例」。

　　透過一個簡單的例子，你就能立即了解直線比例是什麼：假設有一對雙胞胎姊妹，兩個人身材胖瘦與長相都差不多，且身高都是 168 公分，但是在直線比例上，姐姐的上半身短、下半身長；妹妹則是上半身長，下半身短。當今天有媒體來採訪這對姊妹花，兩人都是以坐在桌子後的「半身鏡頭」來拍攝時，就會呈現出這樣的視覺效果：上半身長的妹妹會比上半身短的姊姊看起來更高，同時也更有氣勢、更優雅。

　　會觀察到這件事，起自於我的親身經歷：有次上電視後看到錄影，發現在場其他專家的身高明明都跟我差不多，甚至矮一些，卻只有我在鏡頭前看起來「怪怪的」。我重複檢視當天的錄影，終於弄清了箇中關鍵。原

來我的頭部比一般人大，臉比一般人長，上半身偏短，肩膀也窄，坐在桌子後面，肋骨以下全部都被桌子遮住了。

我的整個上半身本來就已經不長，被桌子一遮，僅露出「肋骨以上」的部位，這讓我的頭部與軀幹的比例瞬間無法平衡，優雅頓失。相較之下，身旁的其他專家有著正常或偏長的上半身比例、肩膀也寬，即使身體同樣被桌子遮住了一部分，但因為上半身露出的長度比我多了 10 公分，所以看起來仍是架式十足、落落大方。跟他們並排坐在一起的我，看起來就像個陪大人吃飯的小孩，更遑論形象專家的氣勢了。

我進一步發現，因為比例上半身短、下半身長，最適合的鏡頭比例是「全身鏡頭」與「3/4 鏡頭」，若因採訪性質而需要近一點拍攝，那麼腰以上的「半身鏡頭」也會比「胸上鏡頭」好；如果真的得坐在桌子後面受訪，那麼我不僅需要全程坐得直挺挺的，最好還能把座位墊高，讓上半身露出的部分多一些，以和頭部尺寸達到平衡。而這些經驗，都成了我未來接受媒體採訪時的溝通準則。

此外在訂定上鏡策略時，也別忘了以「導演」的角度來審視全局。有時候儘管你已經有了完美的上鏡策略，偏偏坐在旁邊的主持人或來賓與你的體型有明顯的落差──或許臉只有你的一半大，或是明顯比你嬌小很多──如果你不想在鏡頭前看起來像個龐然大物，該怎麼做？在此與你分享一個小心機：為了讓自己看起來小一點，你需要比旁邊這個「小不點」離鏡頭更遠一些些。不妨偷偷地坐後面一點，即使只是退後 5 公分，你就會發現：在鏡頭中，你們的尺寸已經變得差不多了。

反之亦然：如果你的身材嬌小，希望在鏡頭前更有份量，只要稍微離鏡頭近一點，並將手臂多張開一些、手勢更沉穩有力一些，就能讓自己看起來更大、更穩重。

領導者
Notes
決定鏡頭比例後，別忘了手勢

要注意手勢的範圍，例如若拍攝鏡頭是在胸上，你的手勢就需要在胸部以上才能拍得進去。而若畫面下方需要上字幕，建議你預留字幕的空間，以免原本看起來恰到好處的畫面，加上字幕後卻變得不協調了。

適合你的自在姿勢

除了拍攝角度與鏡頭之外，又要如何找到自己適合的「姿勢」呢？與前面相同，你需要請一個人幫你拍照或錄影，找出讓你看起來舒適自在又好看的姿勢——之所以強調舒適自在，一是因為舒適自在是自信的第一步，二是因為唯有你自己覺得舒適自在，別人看了也才會覺得舒適自在。

除了舒適自在外，一個適合你的姿勢還需要滿足以下兩個條件：

符合身材比例

一個人適合什麼鏡頭姿勢，與個人的身材體型結構有關，並且動態錄影與靜態攝影（如雜誌訪問照片）皆然。一般性的準則是：**身體部位愈細長，愈有本錢交叉；身體部位愈粗短，則最好避免交叉。**例如學院的執行

長佳宜，有著纖細修長美麗的手指，她就將此特質化為自己常用的姿勢：在談話時把十指交叉，輕輕放在桌上。此動作不僅襯托出她的優雅，還有一個實質的效益：雙手置於身前，就完全遮住她在意的腰腹部位了！相比之下，手指不夠修長的人做此動作，就難以呈現優雅感。

又如連鎖醫美診所的院長 Eric，因為常看到許多知名醫師的形象照都是「雙手抱胸」，充滿著胸有成竹的自信感，所以在拍攝形象照時也採取同樣的姿勢，然而成果卻不如預期──這個動作並未讓他看起來胸有成竹、自信十足，反而顯得拘謹古板、有距離感。原來 Eric 院長的手臂在身材比例上是偏短的，加上他寬厚的胸膛，讓他雙手抱胸時，兩隻手臂並非優雅地安放在胸前，反而是侷促、勉強地在胸前擠在一起。他在我的建議下，改以「一手自然垂放，一手插放醫師袍口袋」的姿勢重新拍照，就如實呈現出了他期待中「自在放鬆、專業磊落」的感受。

至於另一位學員 Amy，過去常覺得自己在影片中看起來「怪怪的」，似乎不夠大方有氣勢，卻不知道是哪裡出了問題，於是請我幫她檢視。原來，雖然她的臉看起來是位成熟沉穩的女企業家，但雙手在比例上卻偏小，並且如同孩童般小小的、肉肉的，給人玲瓏可愛的感覺。我建議她：說話時，避免把手舉到臉部旁邊，讓手勢保持在鎖骨以下就好，如此就能避免凸顯她臉部與手部尺寸及風格的差異。

讀到這裡，你或許也很想知道自己各個身體部位的比例，有沒有哪裡特別長、特別短、特別大、特別小？除了委託專業形象顧問為你診斷之外，也可以上網搜尋達文西（Leonardo Da Vinci）的「維特魯威人」（the

Vitruvian Man）畫作，在畫中可以看到人體比例的基礎概念，例如：雙臂張開的長度通常差不多等於身高高度；而一個人臉部的長度和手掌的長度也通常相去不遠，不妨以此為基準自我檢視，就能得到大略的答案。

符合個人風格

每個人因為個人風格不同，所適合的姿勢也不盡相同。

例如臉書執行長雪柔・桑德柏格這位身處科技業的女性領導者，就發展出了專屬她的招牌姿勢：「交叉翹腳」。這個姿勢與一般女性翹腳的不同之處，在於一般女性在翹腳時，若將右膝疊放於左膝上，右小腿就貼著左小腿自然垂放；而桑德柏格的翹腳則不一樣：當她翹腳時，左右小腿自膝蓋後就分開，一腳傾斜踩地，另一腳則視情況或懸空或著地──總之，雙腿不會交疊緊貼在一起！一般女性的翹腳，展現出的是淑女式的拘謹，而她翹腳的方式則帶著一股灑脫不羈且俏皮的氣息，雖然性感卻沒有威脅性，很適合她身處的產業。❶

同樣地，這個姿勢不僅要符合風格，也要符合她的身材比例──實際坐坐看就會發現，若想以此姿勢翹腳，無論是大腿不夠長或小腿不夠長，腿都會如打結般的被「卡」住，而只有大腿與小腿皆夠長的人，才坐得出來、坐得漂亮。

❶　　掃描 QRcode 看雪柔・桑德柏格的「交叉翹腳」

訪問界的大魔王：高腳椅

還有什麼比「坐著受訪」難度更高的嗎？那就是訪問界的大魔王——高腳椅。若老老實實地將身體的重量全然放在椅子上，保證你立即人變矮、腿變短，比例怎麼樣就是優雅不起來。坐高腳椅受訪的關鍵在於「似坐非坐」——儘管在鏡頭上看起來像是坐著，但實際上僅是以臀部輕倚在座椅前三分之一的面積上，重點是核心肌群需要維持穩定用力的狀態。換句話說，坐高腳椅受訪無疑是「長時間且不間斷的核心訓練」，並且只要一個閃神沒注意提腰，整個身形就會垮下來；然而如果坐得好，確實能傳遞出既自信從容，又一派輕鬆的風範。

有好長相，不一定就等於上相。甚至可以這麼說：在媒體的世界，「上相」的人比「長相好看」的人更吃香！若你曾在街頭偶遇明星名人，並訝異地發現其本人與螢幕上的形象並不盡相同——或許在電視上看起來像模特兒一樣高，但見到本人卻發現他其實很嬌小；或許在節目中有巨星風采，私底下卻和一般人沒兩樣⋯⋯大概就會明白這個道理了。

魅力，是可以學的，上相，也是可以練的。即使不一定有偶像明星般的長相，仍然能夠以正確的形象知識、精準的形象技術做為支撐，加上無數努力練習，提煉出迷人的鏡頭形象。建議每位領導者，即便近期沒有媒體訪問的機會，也可以透過平日的累積與練習，為自己找出最適合的上鏡策略。

如何避免被媒體斷章取義？

現在，你已經理解了媒體採訪的穿著、眼神、姿勢策略，如果還沒放下一顆懸著的心，其原因大抵不出「內容」。你可能擔憂著：

對方提出自己不方便回答的問題，生怕一個答不好又變成公關危機；

精心準備的內容被剪掉，隨口一句玩笑話卻被當成標題大肆渲染；

甚至，訪談內容被斷章取義，讓人百口莫辯。

針對諸如此類的情況，最根本的解決方法就是：**一開始就不要製造剪接的機會，也不要說出不該說的話。**

不要製造剪接的機會

為了避免製造剪接的機會，建議每位領導者人都要對自己的「語速」有基本的了解與掌握，例如：一般狀況下，你 30 秒可以說幾句話？

這幾年來我已經養成習慣，在接受電視或廣播訪問前，先問：「我有多久時間？」或「我還有多久時間？」對方可能會說 30 秒、60 秒，如此我心裡就大致有個底，知道該說幾句話，而這幾句話結構又該如何安排。

當你只有很短的時間可以表達觀點，或是在訪問的尾聲需要做結論時，唯有知道自己在這段時間中可以講幾句話，才能進一步構思說話的內容。千萬不要完全不問有多少時間，而落落長地講了一大段，再讓媒體去剪接：一來，徒增對方的工作負擔；二來，你無法掌握對方截取的那一段話是不是你最想傳遞的重點，或是因為少了上下文的脈絡，而讓意思被曲解了。

不說不該說的話

如果對方問出你沒有準備或不方便回答的問題，該怎麼辦？美國前國務卿鮑爾（Colin Powell）說得好：「**不是回答你被問到的問題，而是回答你想回答的問題。**」

電影《教父》中有句著名台詞：「我會給他一個無法拒絕的條件。」（I'll make him an offer he can't refuse.）面對不方便回答的問題，你也可以「給他一個無法拒絕的條件」：運用「過橋句」，將問題巧妙地從這一頭，引導至另外一個你想談的觀點。

這句「過橋句」，必須讓對方不僅無法拒絕你接下來要談的觀點，也不會讓他覺得自己的提問被忽略、被否定。其公式是：「肯定＋過橋句＋你想談的觀點」。例如：

> 「謝謝你關心這個問題，很少人能夠觀察到這一點（肯定），事實上，我想先用更宏觀的角度，將此問題化為讓所有人都可以套用到自己生活上的準則（過橋句），……（你想談的觀點）。」

「謝謝，這個問題很重要（肯定），在討論檢驗的結果之前，我更關心消費者要如何獲得保障（過橋句），那就是⋯⋯（你想談的概念）。」

另外，如果對方提出「負面問題」怎麼辦？**回答負面問題的黃金法則是：千萬不要重複負面問題。因為當經過剪接，當初的「提問」很可能看起來像是從你口中說出的「意見」**，這也是受訪者常抱怨訪問被曲解、被斷章取義的原因之一。

成為「金句製造機」

曾聽一位跑娛樂線的媒體朋友提及，「某某明星很好訪」。因為這位明星不僅為人親切幽默，更是一個「金句製造機」——他十分清楚記者想問什麼、粉絲想看什麼，說什麼話能夠吸引眼球、製造流量，甚至連標題都貼心地幫你想好了！

藝人如此，領導者亦如是。雖然從拉拉雜雜的訪談中淬鍊出金句、下能夠引人好奇的標題確實是媒體人的專長，但是只要你多花一點心力構思，就能成為「金句製造機」。更重要的是，當你成了金句製造機，就極有機會導引媒體依循你期待的方向來下標題！反過來說，當你把下標的權利拱手交給媒體，其實也是平添了風險與不確定性——誰知道媒體會如何下標？

當然身為受訪者，並不方便也不應該越俎代庖地直接指定下標方式。折衷的方法是：把你要談的關鍵訊息，直接化為非常適合當標題的金句，

當媒體覺得「這句不用可惜」，你們也就在不知不覺中達到了雙贏，豈不是皆大歡喜？

**受訪時說話結巴、
吃螺絲或是不小心說錯了怎麼辦？**

如果是預錄，請務必將吃螺絲的「那一整句話」重講，而不是從吃螺絲的點重講，甚至如果訪問的時間很短，可以整段重講，如此不僅剪接比較容易，也更為自然。

如果是現場，吃螺絲是可以被接受的，只要像平常說話般，自然地直接修正即可——因為你的反應會決定觀眾對此事的態度：當你表情尷尬，觀眾也會為你捏一把冷汗；你的表情正常平靜，觀眾自然也會覺得這沒什麼好大驚小怪的。

經常轉換場合或需面對突發狀況，
要怎麼快速得體變身？

你想過你一天可能會碰上多少不同的場合嗎？

我曾經看過一部 007 電影，片中詹姆士·龐德與一群惡徒肉搏戰後，抹一抹臉上的汗水與塵土，轉身回到車旁，從後車廂取出一個衣袋。鏡頭一轉，他已經換上了全套光鮮的黑領結晚禮服，潛入了一場晚宴，準備執行下一個任務，完全看不出才剛從惡鬥中脫身。雖然電影名字不復記憶，但這個片段卻啟發了我對「形象急救箱」的想像：**每一個人都該仿效007，在辦公室或車上隨時準備好「執行各種任務」需要用到的服裝！**

領導者的「形象急救箱」

想想，一位領導者一天中會碰上的場合，不僅五花八門，還經常是突發狀況：早上九點開會議；中午重要客戶路過你的城市，熱情邀約共進午餐；下午三點有突發的媒體訪問；六點下了班，還需要陪另外一位客戶到酒吧喝一杯。

即使每天出門前已經充分計畫過自己的穿著，然而世事總是出乎預

料，如果此時有了「形象急救箱」，就算碰到偶發狀況也不必焦慮——因為你心裡有底，只要運用急救箱裡的單品搭配組合，就能立即彌補身上穿著的不足了！

是的，所有領導者都應該用急救箱的概念，為自己準備一套隨時 Ready-to-go 的備用服裝配件——事實上與其稱之為服裝（Wardrobe），我更偏愛以 007 會用的詞「裝備」（Gear）來稱呼它。

這個急救箱將能成為你衝鋒陷陣時最好的後盾，讓你從此不必再因為「裝備短缺」而在重要的突發場合缺席，或者即使出席了，卻因為服裝不對而無法全力發揮、克敵制勝。它能為你省下的心力與創造的正面效應，將遠遠超出你的想像。

「形象急救箱」該放在哪裡？

可以依據你辦公空間的實際條件，來決定形象急救箱的大小與形式。例如若你有獨立辦公室，可以在辦公室一角設立約 60 到 100 公分寬的衣櫥，將你所有的裝備都收納其中。

如果你是開車一族，即使辦公室已經有了小衣櫥，我仍建議你在車子的後車廂再準備一個急救箱，可以像 007 一樣使用衣袋，或是乾脆用一個行李箱收納所有裝備。

而當你的辦公空間屬於開放式，需要把所有裝備都放在抽屜中，選擇裝備時就要特別留意：服裝需要是即使摺疊存放也不易起皺，或是即使皺了仍然好看有型的設計。我有一位經營時尚產業的學員，就在辦公室抽屜中放了幾件三宅一生的服裝，就是因為其壓褶布料無論再怎麼塞，拿出來

穿上時仍然不會變型。

「形象急救箱」該裝什麼？

　　遴選裝備的重點在於：所有行頭需要好搭配、功能性強，並確認此裝備組合能讓你在生活中所有可能發生的場合，都能發揮可圈可點的演出。

- **服裝**：如果你平常不會天天穿西裝外套，那麼務必要在形象急救箱中放一件「西裝外套」。請相信莫非定律：當你覺得今天不會見到重要人士，重要人士偏偏就會自動出現在你面前！這時，這件西裝外套就是你的救命符。

  此外，建議男士們一定要準備「全新的白襯衫」，萬一重要場合前突然打翻了咖啡就能用得上。如果空間仍有餘裕，不妨再放一件 Polo 衫或設計活潑的襯衫，讓你在臨時需要出席商務休閒場合時換穿使用。

  至於女士，道理也相同：若平日西裝外套不是你的標準配備，那形象急救箱中最重要的裝備就非它莫屬。而除了西裝外套之外，還可以準備一件經典款下半身（窄裙／西裝褲）、一件白天晚上皆宜的經典款及膝洋裝、一件有晚宴感的上衣。這樣的服裝再與配件結合，讓你無論商務、休閒或晚宴，皆能兼顧得體與亮麗。

- **配件**：男士們，如果你平時不打領帶，請務必在形象急救箱中準備一條領帶。因為在某些場合，你就是不能不打領帶，例如要見長官、長輩，或是自己有求於對方時，打領帶不是為了好看或品味考量，而是禮貌、

尊敬與誠意的展現。這條領帶需要是「深藍」色的「素色」領帶——唯有這樣的領帶，能夠勝任商務、媒體、晚宴、各式婚喪喜慶場合；甚至需要道歉時都能派上用場。

女士急救箱中的必備配件，則是首飾與高跟鞋。如果你平時有戴首飾的習慣，建議在急救箱中準備比平時習慣配戴的首飾尺寸更大、更亮的首飾，如此萬一有「大」場合才不會顯得黯然失色。例如，平時都戴 8mm 單顆珍珠項鍊，急救箱裡就可以放一串 10mm 珍珠項鍊；平常每天都戴貼耳單鑽耳環，不妨放一對如瀑布般垂墜而下的碎鑽耳環，讓你在社交場合瞬間轉換風格。

至於鞋子，請秉持「與平時互補」的原則：如果高跟鞋已是你平日上班的基本款，不妨放一雙更華麗的高跟鞋，或是舒適好走的平底鞋；而若平常都穿平底鞋，形象急救箱裡就需要準備一雙讓你氣勢十足的高跟鞋。此外，絲巾能夠為簡單的衣著瞬間創造豐富性，推薦你也讓它成為形象急救箱中的生力軍。

- **貼身衣物**：備齊以上兩項，你的形象急救箱完成度已有 80％，只要再加上貼身衣物就萬無一失了。容易流汗的男士，可以準備備用的白色低領無袖內衣；習慣穿絲襪的女士可以準備一雙備用絲襪，若絲襪突然勾破時可替換，而膚色內衣與不顯褲痕的膚色內褲則是淺色外衣的最佳拍檔。

- **化妝造型**：適度的化妝造型能為你錦上添花，即使男士平日不化妝，

在面對鏡頭時也可能會需要化一點妝，而在特別疲憊的日子，即便只是寥寥數筆，也能讓你的氣色起死回生。建議男士準備適合膚色的粉底、顏色自然無反光的潤色護唇膏或口紅。而女士們只要依照自己的化妝習慣，額外準備一套化妝品就可以了，其中至少需要底妝、口紅和腮紅，其餘品項則依個人需求配置（如果平常已經有隨身攜帶化妝包的習慣，也可以省略此項）。

此外不論男女，都需要準備梳子和頭髮造型品，如果還有空間，就把小吹風機也放進來吧！

如果你讀到了這裡，還在猶豫是否要準備形象急救箱，我想告訴你：這不是一個 Nice-to-have 的選項，而是 Must-do 的行動！為自己準備形象急救箱，就像買保險，雖然平時用不到，但一旦緊急時刻來臨，你將會非常感謝那個居安思危的自己。所以，現在、立刻、馬上就著手為自己準備形象急救箱吧！

領導者的形象急救箱內容物

	男士	女士
服裝	西裝外套（平日不穿，或非每天都會穿西裝／外套者）	
	白襯衫	窄裙、西裝褲
	Polo 衫或設計感襯衫	洋裝、有晚宴感的上衣
配件	深藍素色領帶	絲巾
		首飾
	正式亮皮皮鞋或休閒鞋（與平日常穿的鞋款互補）	好走的高跟鞋、華麗高跟鞋或平底鞋（與平日常穿的鞋款互補）
貼身衣物	白色低領無袖內衣	備用絲襪（如有穿絲襪習慣）
		膚色內衣、無褲痕的膚色內褲
化妝造型	粉底、自然顏色無反光的護唇膏或口紅	依個人化妝習慣準備一組化妝品，至少要有粉底、口紅、腮紅（如平日都會隨身攜帶化妝品，則不需準備）
	梳子、簡易造型品（視個人髮型／髮質狀況而定）	
	小型吹風機（如有空間）	

附錄 · 領導者的媒體形象 Check List

形象指標			參照
外表 形象	Confident	☐ 穿著這套服裝時我能夠活動自如 ☐ 坐下時舒適且雅觀 ☐ 我不需要擔憂會走光、衣服變形 ☐ 我做這樣的打扮時很自在	Q21
	Contrast	☐ 我的穿著色彩與背景呈的對比程度，適合我訊息的長度與主題 ☐ 我的穿著色彩與椅子不同色 ☐ 我的穿著模式與主持人相得益彰	
	Consistent	☐ 我的穿著保有我個人風格的一致性 ☐ 我的穿著傳遞出的訊息，與企業形象、產品定位、廣告行銷訴求一致	
	☐ 拍攝當天有熟悉且信任的形象班底協助我，或已與彩妝造型師溝通造型重點 ☐ 我已經穿著這套服裝進行過「著裝彩排」 ☐ 我的髮型狀況很好，有光澤、不毛躁、不亂翹 ☐ 我的氣色好、臉部肌膚狀況佳，若狀況失常，也已做適度的修飾		
	☐ 我的辦公室或車上有「形象急救箱」，若形象臨時需要調整可隨時備援		Q25

肢體語言	**有主持人**	□ 我熟悉在鏡頭前與主持人互動的眼神技巧 □ 即使不看鏡頭時，我仍能自然地「給鏡頭看」 □ 和主持人並肩而坐時，我會自然地看著主持人外側的眼睛，讓我們在鏡頭上看起來相談甚歡 □ 如果自己跟主持人體型差距較大時，我會不著痕跡地微調自己與鏡頭間的距離，以縮小彼此之間的差距
		Q22
	無主持人	□ 我已安排一位鏡頭外的主持人 □ 我已經準備好道具，並且熟悉使用方法 □ 我會運用照片柔焦法或距離柔焦法，使眼神變得更親切放鬆
		□ 我知道拍攝時的環境與桌椅道具，並演練過適合的姿勢 □ 我已經找出自己適合的拍攝角度和鏡頭比例 □ 我已經找出自己適合的姿勢，且熟練到不必看鏡子就能擺出來 □ 我知道自己在鏡頭上的「死角」是什麼，並知道如何透過角度、鏡頭比例、姿勢或其他方式來避開或修飾它 □ 我已與媒體溝通，請他們協助配合以適合的方式拍攝 □ 拍攝當天有人負責「盯場」，以我的標準為我把關形象
		Q23
口語表達		□ 我知道自己的語速，並知道在 30 秒內可以講幾句話 □ 我已想好如何講出「長度剛好」的觀點 □ 我已將自己的觀點化為「金句」 □ 我知道萬一講話卡詞、不順、需要更正時，可以怎麼處理 □ 我已模擬過被問到不方便回答的問題時該如何處理 □ 我知道無論如何都不要重複負面問題
		Q24

臨時被邀請上台致詞
該說什麼？

Q26

我曾受邀為一家銀行的高階主管做教育訓練，主題是「臨時上台致詞的形象策略」。主辦單位告訴我：長官們經常需要參與社交場合，而以他們的身分地位，經常會被邀請上台致詞。然而，有些人就算臨危受命，仍然能夠信手拈來，談笑風生；有些人卻緊張不已，說話沒重點甚至容易「失言」，讓大家捏把冷汗；也有些人為了避免講錯話，上台只講冠冕堂皇卻無趣的官方內容，聽眾不僅沒興趣，連帶地覺得這家銀行的人才不過爾爾。銀行董事長的願望就是希望透過形象訓練，提升這群長官們的即席演講功力，讓大家在代表銀行上台致詞時，都能夠講得得體大方，甚至贏得滿堂彩。

心態建立：上台致詞，就像「送禮物」

上台致詞，是可以學的嗎？當然可以！只要有正確的觀念，加上適度的練習，即使是制式的上台致詞，也能從表面工夫、虛應故事，升級為真實的交流、精彩的演出。**要做好上台致詞最重要的關鍵就是心態：將上台**

致詞，視為「送禮物給台下的人」的過程——你的禮物，可以是一個故事，可以是你的親身感受或經驗分享，只要其中含有祝福、含有讓大家更有信心的激勵話語、含有醍醐灌頂的知識性，都是好的——即使只是把大家逗笑，也是很棒的禮物！

大方上台：「不冷場」比什麼都重要

棒球界有一句名言：「球來就打」。**當你被點名上台時，也要像棒球選手們一樣：球來就打；受邀，就上台講！**因為以你的身分地位，其實是沒有「不上台」的權利的，而當別人對你提出邀請的那一刻，你就已經站上了打擊區，而這時的你該思考的問題不是「要不要打」，而是究竟要滿足於打出「一壘安打」或是追求「全壘打」。

因此當你的名字被點到，不要推辭，而是坦然接受，以落落大方的氣度上台。當你心中只想要「一壘安打」時，可以簡單致意：「謝謝邀請，我不耽誤大家時間，祝福大家……」；而如果你希望擊出「全壘打」，讓聽眾們留下深刻印象時，就可以參考以下黃金致詞公式。

黃金致詞公式：「自己＋故事＋祝福」

致詞內容的方向百百種，不過在你臨時受邀上台，並沒有時間預先準備的時候，「故事」堪稱是最快速有效的選擇。因為，沒有人不喜歡聽故事，特別是不為人知的趣聞軼事，並且**當你談的是自己的親身經歷、真實體會時，說起話來往往就放鬆流暢、充滿自信，而真實與自信，正是演講者最吸引人的魅力。**

推薦你將這個「自己＋故事＋祝福」的魅力公式放在心中：

自己	簡單介紹自己和主角的關係。
故事	關於主角的小故事，可能是雙方互動的點滴、糗事、往事；可能是你對對方的觀察，或對方不為人知的好人好事。
祝福	給予主角（及主角所屬團體）的祝福。

就以「董事長退休歡送會」為例，假設你被點名致詞，這時可以說：

自己	我是在 20 年前進公司的，當時只是個小助理，那時的我覺得董事長有點嚴肅……
故事	記得有一次我工作不太順利，剛好在電梯遇到董事長，他關心我工作與生活的狀況，還拍了拍我的肩膀，告訴我：「我看到你上次那個案子做得不錯，你是一個很有頭腦的人，太累了就休息一下，說不定就會想到解決方法了。」當時我很驚訝，沒想到這麼有權威的大人物私底下這麼溫暖……
祝福	之後我就希望能成為像董事長一樣權威溫暖兼具的領導者。每次看到部屬工作上遇到挫折時，我就會想起當初電梯內的那一分鐘，董事長的那幾句話給我很大的力量，讓我覺得：有一個如此了不起的人這麼相信我，我也不能鬆懈，並且也要效法董事長，成為一位能夠激勵他人的人。祝福董事長退而不休，球技繼續精進，我們也會繼續努力，讓公司更上一層樓！

特別提醒，這裡的故事需要是正面的，儘管是糗事，也需要將它轉化為積極的意義，例如：「大家不要看 Sherry 這麼落落大方，我記得她剛進公司時，曾經在台上講錯客戶的名字，我們在台下都尷尬死了！但是她沒有在台上呆掉，還是很優雅、很圓融地更正過來，從這點就可以看出她真

的是做大事的人。」

演講長度：不少於一分鐘，不超過三分鐘

　　身兼文學家與幽默大師的林語堂有句名言：「演講就該像女孩子的裙子，愈短愈好。」然而身為形象專業人士，我得跟林大師說聲抱歉，容我稍微修正為：**「演講就該像女孩子的裙子，不僅要夠短，也要夠長！」**在此提供一個夠短也夠長的黃金準則：不少於一分鐘、不超過三分鐘。不少於一分鐘，讓你的祝福夠誠意而不顯敷衍；不超過三分鐘，讓你能夠完整的講完一個故事，又不至於讓人分心。

分寸拿捏：不要喧賓奪主

　　人常常一拿起麥克風，就會進入「忘我」狀態：忘了自己是誰、身在何處、所為何來。請記得：當一個場合的主角不是你的時候，即使手中拿著麥克風，也要扮演恰如其分的「配角」，千萬不要自吹自擂而喧賓奪主。

　　喧賓奪主有那麼嚴重嗎？有的，因為這不只是讓自己顯得白目而已，更有可能會影響他人對你所屬團體的評價，畢竟你上台說的話經常不只代表你自己，更代表你的公司、你的團體，而中間要怎麼拿捏分寸，就是一門學問。我的建議是：在台上多講對方的好，盡量捧對方，不要捧自己或自己的團體，即使你因場合需要為自己或自己的團體打廣告，那麼請掌握**「一三法則」：若捧自己一句，就要捧對方三句。**千萬不要多於一比三的比例。

　　此外，除非確定在場所有人都和你有相同立場，否則上台致詞千萬勿

使用敏感話題或刻板印象價值觀（像是政治、宗教、性別等爭議性的話題），儘管你的出發點是幽默善意的，聽在別人耳中也不一定符合你的原意。我就曾在一場婚禮中聽到一位長官致詞祝福新人「早生貴子」，新娘是「賢妻良母」，婚後一定能好好「相夫教子」，卻沒想到台下坐了好幾桌持相反立場的賓客，當場氣氛就有點尷尬了。

最後，讓我們一起重點複習上台致詞的五個要素：

1. 心態建立，看出你的恢弘氣度；
2. 大方上台，看出你的乾脆俐落、不畏懼挑戰；
3. 致詞內容，看出你是否能說好一個故事；
4. 演講長度，展現你的判斷力與結構力；
5. 分寸拿捏，看出你是否具備「閱讀空氣」的敏感度。

這五個要素已經幫助非常多人成功克服即席演講的恐懼，然而他們也告訴我，除了這五個要素，更重要的是第六個要素：練習！別等到真的被邀請上台才臨陣磨槍，而是在生活中主動創造練習機會。例如內部會議開場白、家人生日聚餐的祝福等，都可以成為你練習的舞台。當你開始啟動主動練習的念頭，就會發覺致詞場合俯拾皆是，且不出幾次，這五個要素就會深入浸潤到你的細胞當中，並驚喜地發現：臨時上台致詞，原來是一件這麼好玩的事。

上台致詞可以看稿嗎？

很多人因為不善於言詞、怕講錯話或漏講重要訊息，上台時總是希望可以「看稿」，但又擔心被戲稱為只會照本宣科的「讀稿機」。到底在公開發言時，適不適宜讀稿？難道只要一讀稿，就注定無法感動人心嗎？

我認為讀稿與否，並不是 Yes 或 No 的問題，而是「怎麼讀」的問題，只要注意到以下幾點，即使是讀稿，也能夠動人心弦：

讀稿與否與主題有關

當談到政策、數據、法條等「具體資訊」時，適度讀稿是可以被接受的，並且能強化「認真、嚴謹、負責任」的感受。當然，若談論的「具體資訊」是自己瞭若指掌，對給出的數據與事實有十足信心時，不看稿就更能與觀眾有眼神互動，也能大幅提升演說的觸動力。至於什麼時候不適合讀稿？那就是談「個人信念、呼籲行動、激勵鼓勵」等主題時，在講述這類與情感相關的主題時，讀稿會大大稀釋其感情的真實度，連帶也降低了觸動人心的影響力。

逐字稿 vs. 備忘稿

稿子該選擇一字不漏的逐字稿？或是僅摘要重點的備忘稿？我的建議是：如果你容易緊張，並且致詞長度在三分鐘以內，可以採用逐字稿。而如果緊張對你不是大問題，或演說時間較長，則建議使用備忘稿：只寫重點訊息與具體資訊

（如數字或法條），其餘則自由發揮，如此既不怕遺漏，也不會顯得生硬。

即使讀稿，也是「自己的話語」

讀稿的訣竅在於：讓人覺得你唸的是「自己的話語」，只是因為慎重起見才把稿子寫下來，而不是「唸別人寫的稿子」。當然，大家都心照不宣：日理萬機的領導者極少會自己寫稿，而是由專業文膽操刀；但是在拿到稿子之後，你還是需要先演練幾遍，不能唸得不順、卡詞、發音錯誤……這些都會讓人覺得你是在唸「別人寫的」稿子，並且跟觀眾一樣直到站到台上才跟這份稿子「初次見面」，這樣真的很沒誠意呢。

最後提醒你：上台前，務必再度確認稿子的版本是否正確、是否完整，且依照對的順序排列，才不會到了台上一開口唸才發現稿子不對，那可就神仙難救了。

讓稿子成為你展現氣定神閒的道具

既然要唸稿，就讓稿子成為你的「道具」，大大方方地唸，拿出稿子時不必遮掩，看稿子時不用心虛，收起稿子時也不需躲藏。你可以這麼做：

1. 氣定神閒地走上台、站定、環顧觀眾，向大家問好。
2. 大方地取出稿子，唸完後再不疾不徐地收起來。
3. 再度謝謝大家，並從容下台。

這裡特別說明：同樣是看稿，紙本稿比手機稿看起來更正式，而一份「放在信封中的硬紙卡」又會比一張「從口袋掏出來、軟軟皺皺的紙」，看起來更慎重。總之，不妨比照奧斯卡頒獎典禮時，頒獎人手中那份寫著得獎者的信封——你的稿子，就該看起來那麼慎重！

只要上台就容易緊張失常，可以怎麼克服？ Q_{27}

　　你容易緊張嗎？緊張的時候，你會不會表現失常，魅力也跟著黯淡？如果答案是肯定的，那是因為：**魅力「起於內，形於外」，唯有內在平靜安穩，魅力才有可能自然而然流露出來**；當內在緊張惶恐、惴惴不安的時候，往往會抑制魅力的產生，此時要正常流露魅力都不容易，更別談要達到超乎預期的演出了。

　　緊張，可能發生在上台說話、媒體專訪、參與重大任務、不熟悉的場合、被群眾包圍時、被問到尖銳問題時、需要傳達壞消息時、面對你特別不喜歡的對象時、面對你特別在意的對象時……族繁不及備載。而這些情境都有一個共通點，就是它總是說來就來，讓你躲也躲不掉。所以，如何在緊張時刻迅速找到內在的平靜，堪稱是每一位領導者的必修學分。

運用古典制約，創造內在連結

　　在我們談方法之前，我想先與你分享有名的古典制約實驗，也就是「巴夫洛夫之犬」，只要對心理學稍微有興趣的人，大概都聽過這個大名

鼎鼎的實驗。

實驗中，科學家會先搖鈴，接著馬上餵狗吃東西，這樣重複好幾次下來，每當鈴聲響起，狗就會立即流口水，因為對狗而言，每次聽到鈴聲都有食物可吃，自然會建立起「鈴聲＝食物」的制約。

「巴夫洛夫之犬」古典制約，被廣泛運用在各式各樣的情境中，由一個可以控制的機制，來啟動另外一個行為。我們也可以將之運用在自己身上：**為自己創造一個「魅力之鈴」，每當鈴聲響起，就能快速找回自己，回到心中來，以最真實、最有力的自己重新出發。**

找到你的「魅力之鈴」

這個「鈴」最好是你很熟悉且隨手可得的，可以是一個圖像、一首音樂、一個擁抱、一句話、一個念頭、一片巧克力、一口酒、幾次伏地挺身、一個深呼吸……

我最近一兩年開始習打中國導引氣功「華陀五禽戲」，而我也發現它做為我的魅力之鈴非常有效，只要開始起手勢的那一剎那，我的心就回歸平靜。於是，在新書發表會前，我打五禽戲；在上台演講前，我打五禽戲；在需要下重要決策卻忐忑不安的時候，我打五禽戲；在與人的關係陷入膠著的時候，我打五禽戲。當我的心專注於：腳底穩穩踩在地上，每一次吸氣、每一次吐氣，每一個動作的流轉……我的心就從紊亂回歸明晰，由紛飛落定踏實——我，連結了自己，安放了自己。

當然，魅力之鈴不一定要走緩慢靜心路線。像我的一位朋友喜歡音樂

劇《Rent》的主題曲〈Seasons of Love〉，每當前奏一出現，他就能感受到愛與希望的力量，原本認為做不到的事，再也沒那麼困難了——音樂就是他最好的魅力之鈴。

也有些人的魅力之鈴在「互動」上。如果你發現自己跟同事喝杯咖啡、和朋友短短聊個天、抱抱家人後，就會很有能量，那麼當你出發參加重大場合前，就可以先安排一些讓你感覺自信、放鬆的互動活動。

魅力之鈴，也可能僅僅只是一個念頭，例如「希望對方好」，不管再疲累，只要心中升起「希望對方好」的念頭與祝福，整個人就會開放心房，並進而能全然專注在對方身上。而這，也是我常用的魅力之鈴之一。

這些魅力之鈴都沒有所謂的「較好」，端看對你是否有效、是否好用。建議你找出兩三種對自己有效的魅力之鈴，並在每逢需要啟動魅力的時刻就將它拿出來運用。

刻意強化連結，讓魅力之鈴更有效

當你找到了適合自己的魅力之鈴，請刻意地「強化」它！設定過程跟巴夫洛夫的實驗類似。你可以刻意安排幾次「鈴聲響→好結果」的經驗，例如：

每一次聽這首歌，都刻意去感受自己的自信十足。

每一次深呼吸，都去覺察到自己的專注。

每一次升起「希望對方好」的念頭，都去感覺到自己的放鬆與開放，發現自己的溝通變得良善慈悲。

重複這麼做，讓自己強化「鈴聲＝好結果」的連結，這樣未來只要啟動鈴聲，就會更快速地回到自己的原始設定，消除緊張焦慮，讓你本然的魅力接手。當你的連結愈來愈強，啟動的速度也會愈來愈快，只聽到前奏幾個音符，心就定了，自信就出來了；只要一個念頭出現，整個人的氣場就不一樣了。

特定人士不是你的剋星，而是你的課題

最後，我想談談「讓你緊張的特定人士」。要知道，光是在皮膚上撒鹽是不會痛的，除非皮膚上有傷口，鹽撒在其上才會痛。同樣地，**當你常為了某一位（或某一類型的）人物緊張，意味著該人物的存在正映照出你心中的某個「傷口」，傷口中蘊含著的或許是痛、是恐懼、是擔憂或是期待。而治好此傷口的唯一方法就是：認出它→接受它→分析它→處理它→放下它。**

Netfilx 影集《王冠》（The Crown）中有個片段講述的正是此事：伊莉莎白女王每一次面對內閣官員都會很緊張，並為此深感困擾。她進一步分析，讓自己緊張的官員有幾個特色，除了都是高知識分子（如科學家、經濟學家、政治家）之外，也都是屬於自己父執輩的男性。而她也發現，自己之所以會緊張，是因為怕被對方看穿自己雖然貴為一國之尊，卻什麼也不懂。身為王室成員，她儘管從小被當成一個淑女來教育，卻從未受過科學通識方面等「實用性」的知識訓練。

為了扭轉這個情況，女王特別延請一位教授擔任私人教師，這位教授不但是一位學識淵博的學者，更是比她年長三十歲以上的男性，然而和閣

員們不同的是這位教授個性風趣、談吐幽默，並且因為角色不一樣，教授不像閣員們那樣對女王畢恭畢敬，而能以平等的方式與之相處。透過每週一次與教授交流、談話、互開玩笑，女王一點一滴克服了自己對「年長男性學者」的恐懼，與閣員相處起來也愈來愈自在了。

雖然這部影集並不全然貼近史實，但其中情景卻確實可能發生在我們身上。或許，讓你緊張的是身分地位比你高出一大截的人；或許，面對外表絢麗亮眼的異性會讓你格外不自在；或許，你對不按牌理出牌、藝術家個性的人特別頭痛；或許，你跟女王一樣，看到「學者專家」心跳就會漏一拍。無論你害怕的是怎樣的人，請記得：**他不是你的剋星，而是你的課題，是讓你躍升的機會！功課來了不用怕，找個方法解決它就好，而最簡單的方法就是：蓄意和此類型的人多相處，漸漸地你就會發現他們其實也沒那麼可怕，而你在他們面前也能愈來愈泰然處之了。**

同理，當你的緊張不是來自某位特定人士，而是來自特定情境時，也可以依樣畫葫蘆。你可以刻意讓自己出現在這樣的場合裡，進而慢慢習慣。例如，因為陌生人多的場合而緊張的你，可以先要求自己這次只要跟三個人講話就好；下一次參加時，挑戰五個人；再下一次，挑戰十個人……我相信，關於如何克服自己的緊張，你一定會比我更有創意，而你也會發現：從你清楚認知到自己是為了什麼而緊張的那一刻起，療癒的過程就已然啟動了。

向職人取經！
這樣做克服上台緊張

我們都經歷過大腦突然「凍僵」的情況：在重要時刻，儘管本來已經想好要說的話，腦袋卻突然間一片空白，面對迎來盯著你的眼睛（如果在台上，還可能是幾百隻眼睛），心裡愈著急，愈發想不起來原本的內容……面對這種尷尬情況，該怎麼化解？

之所以會在台上突然失憶，我們可以這樣理解：當緊張的情緒過於強烈時，大腦就會「拉警報」，判斷此刻需要用所有注意力處理緊急狀況，而將其他內容暫時「鎖」了起來，讓你無法讀取或處理。所以，只要掌握舒緩緊張情緒的方法，就可以在感受到自己有「緊張前兆」時，趕快用這些方法來告訴大腦「警報解除」，進而快速回復正常表現。而說到舒緩緊張情緒，相信專業表演工作者和職業運動員是非常有經驗的一群人，不妨向他們偷師幾招，並將之應用於每一個緊張的時刻：

向喜劇演員學：以幽默化解尷尬

喜劇演員克服緊張的祕訣是──上台時若頭腦突然一陣空白，試著嘲笑一下自己，如此緊張情緒就會當場消失。相信我：緊張是看得出來的，並且當你試圖掩飾自己的緊張時，反而會讓觀眾比你更緊張、更尷尬！這時如果能大方承認自己的緊張，用自我解嘲的方式將忐忑的情緒或忘詞情況公開說出來，往往會讓觀眾鬆了一口氣，而就在你為觀眾鬆綁緊張的同時，也把自己從不安的心理狀態中解救了出來。

向歌手學：找事情讓聽眾忙

即使你一時半刻還想不起來自己想要說什麼，也不要讓沮喪、懊惱的情緒淹沒自己，以致影響後續的表現。在演唱會上常可以看到歌手表演到一半時，把麥克風轉往台下，大喊「換你們」，而粉絲們也會很有默契地跟著唱。當我們在台上腦袋突然當機時，也可以學歌手那樣將棒子交給觀眾，例如問問題、請大家討論等，只要讓觀眾「有事忙」，他們的注意力就不會再集中在你身上，而你也就有了能讓自己「重新開機」的機會。

向網球選手學：找到放鬆心情的「錨」

網球選手們在發球之前，經常會先往地上拍幾下球，接著才拋球、擊球。其實，拍打球的動作並不只是為了接下來的發球動作做準備，也是為了其「心理狀態」做準備。你也可以這麼做：當內心感到焦躁不安或心煩意亂時，運用一個簡單的動作，讓自己重新回到聚焦的事物上。這個動作被心理學家稱之為心理的「錨」——也就是在你心情放鬆、信心十足時，身體自然呈現的動作。此動作因人而異，可能是微笑、向後轉動雙肩、腰桿挺直、深呼吸、或者說平日的慣用語，如「好」、「Well」、「OK」（可以是對自己說，或是對聽眾說）等。總之，只要做此動作，你就能夠點亮大腦中的明燈，重新專注於眼前的事物上。

如何在台上展現優雅？

　　當你已經克服緊張，或決定要克服緊張之後，下一個問題來了：在台上該如何展現優雅？提到優雅，著名時尚專欄作家與編輯黛安娜・佛蘭（Diana Vreeland）有句名言：「真正的優雅來自於優雅的心靈；當你心靈優雅，其他部分自然會隨之而生。」雖然如此，但是「隨之而生」是有方法的，而關於上台優雅的方法，女星奧黛麗・赫本（Audrey Hepburn）就是很好的典範。

　　奧黛麗・赫本在擔任聯合國兒童基金會親善大使時，在五年內訪問了二十幾個國家，為在飢餓、疾病、戰爭當中受苦的孩子們募款，呼籲世界領袖、政治家、企業主出錢出力幫助這些兒童。當時她經常需要公開演講，你或許會覺得，她本來就是一個明星，公開演講對她來說只是一場秀而已，應該沒什麼問題吧？但是她的好朋友前美國總統夫人南西・雷根（Nancy Reagan）告訴我們：並不是這樣的。南西透露，奧黛麗每一次在慈善晚會演講之前，總是緊張不已，然而她總是能夠優雅地完成演講。

優雅的關鍵：「上台三氣」

到底奧黛麗・赫本優雅的祕密是什麼？讓我用「上台三氣」來歸納：**上台要神氣、台上要定氣、下台要閒氣**。而這三氣的關鍵，就在於透過肢體動作、站姿、手勢、眼神……等展現你的優雅。我想邀請你一起想像，如果你就是奧黛麗・赫本，並且即將要做一場演講，你該如何讓自己即使在緊張中，還是很優雅？

如果你願意，不妨拿著書站到鏡子前，跟著接下來的描述實際做做看這些肢體動作，實際感受一下不一樣的肢體動作，造成的視覺與心理效應會有什麼樣的變化。

上台要神氣

首先，讓我們從「上台」開始。你覺得奧黛麗・赫本演講時，大家會等她走到台上、站定位，才開始看她，還是在她一出現時，鏡頭、眼光就集中到她身上了？我想，以她的知名度，多半從她一出現時，就有觀眾會對她投以注目禮，而當主持人開始介紹她時，全場更是會萬頭攢動，爭相一睹巨星風采。之於你，也是相同的！千萬不要以為直到你走到台上、就定位了以後，才會有人看你；事實上，即使你進入會場時並未引起騷動，到了主持人介紹你的時候，大家一定會把目光聚集在你身上。因此在被介紹的時候，你就需要面帶微笑，展露自信自在的丰采；而當主持人介紹完畢，大家開始鼓掌時，就是你上台的時候了。

上台的這一小段路，不是「高速公路」，而是「伸展台」！不要用衝的，而要走出神氣與自信：腳步沉穩、不疾不徐，以「先腳跟、再腳尖」

的順序邁出步伐，如果有觀眾看著你，可以對他們點個頭，真實的互動能瞬間消解你的緊張心情。到達台上後，再運用我們在 Q5 中提到的肢體技巧──抬頭提腰、雙腳站得開一些──就能讓自己看起來神氣十足、更有影響力。

台上要定氣

好了，現在你已經站在台上，但是如果台下的觀眾還是鬧哄哄的，有人還在鼓掌，有人在交頭接耳，這時候你應該要直接開始嗎？

答案是：**不要害怕「等」。與其直接開始，不如微笑地等大家安靜下來、屏氣凝神看著你，然後再開始演說。**在等待的這幾秒鐘之內，你可以先找幾位友善的觀眾，看著他們並與之微笑。而這，正是奧黛麗‧赫本所做的！

下台要閒氣

如果說上台留下的是第一印象，下台留下的則是永遠的印象。演講結束後，奧黛麗‧赫本會優雅、從容不迫地踩好每一個腳步，並對有眼光接觸的觀眾微笑點頭致意，直到消失在眾人的視線中。

換句話說，**怎麼上台就怎麼下台**，不要上台是抬頭挺胸，下台時卻彎腰駝背，上台表情自在從容，下台時卻匆促倉皇……畢竟你在台上都已經迷倒眾生了，如果大家對你的評價，毀在「下台的姿態不夠氣定神閒」，那可就太冤枉了！

公眾溝通的眼神「駐留」法

一個人的眼神，除了能展現自信與沉穩之外，也能夠看出其「優雅」的程度，而這也是觀察人非常細膩的一個部分。我們在 Q22 中已經提到在鏡頭前的眼神，此處就針對公眾溝通時的眼神優雅度，繼續深入討論。

優雅，是一種既能讓人舒服放鬆，又會讓人心生嚮往的特質。它是由內而外展現出的餘裕，是一種忠於自我，也接納他人的誠摯。**優雅眼神的核心就在於「駐留」——眼神的交流，就是靈魂的交會，當眼神有了駐留，就不會顯得匆促敷衍，而能讓人感受到你的從容誠摯，而這正是公眾溝通中非常重要的特質。**以下與你分享在面對小眾、大眾，以及回答問題時，要如何運用眼神創造「駐留」？

首先，在一對多溝通時，無論場合大小都請記得：當你看不到對方的時候，對方也絕對看不到你，而當你們無法看到彼此，眼神也就無法交會；眼神無法交會，情感就無法交流；情感無法交流，你（以及你的理念）也將錯失了在他心中註冊的機會！因此你的第一步，就是選擇一個大家都能看得見你的位置。

面對小眾：雨露均霑

當人數較少時，你和每個人都需要有真正的眼神駐留。祕訣在於：每段話說到「最後幾個字」時，你的眼神需要駐留在其中一個人的身上，並停留至少三秒鐘，避免匆促飄移，如此才能讓聽眾感受到被你「注視」到，而不是只是被「掃視」過去。

面對大眾：劃分區塊

面對超過百人的大眾談話，想跟每個人有眼神交會，是不太現實的。因此，請運用你的想像力，將現場區分為田字型（若人數更多，則可以分為九宮格），每一區塊選擇一個人做為「代表」，說話時，就讓眼神輪流在每個區塊中的「代表」間移動駐留。不用擔心因為沒有一個一個看，就會有人覺得被你忽略，因為只要你的眼光駐留在所選擇的「代表」上，該區域的觀眾心理上就會產生群體效應，覺得自已已經被你注意、與你有眼神上的互動了。

領導者 Notes　回答問題的眼神「駐留」法

回答問題時，到底要看提問者或其他觀眾呢？

不妨想像一下，當你在台上回答問題時，從頭到尾都將眼神望向全場觀眾，而沒有看提問者，那麼提問者往往會產生「被忽略、不被尊重」的感受，並不禁心想：明明是我在問你問題，你應該是回答我，而不是回答其他沒問這個問題的人，不是嗎？相反地，如果你回答問題時從頭到尾都只注視著提問者，而未看其他觀眾，就像是把其他觀眾排除在外，有如在群組對話中「另開一個視窗」，其他觀眾很快就會覺得此問題與自已無關，而失去興趣與專注力。

正確的作法是：**眼神始於提問者，中間眼神去觀眾席旅行一圈、關注一下其他觀眾，最後眼神再回到提問者身上，並且請記得，駐留。**

如果說提問者拋出問題，就像拋出一顆球，那麼你剛開始的眼神接觸，就像是清楚地告訴他「你發的球，我接到了」。而在你將眼神投向觀眾時，就如同把球帶到觀眾中間走一遭，讓大家共享此問題與你的見解之後，也要再把眼神帶回提問者身上，把球交回到他的手中，給他的問題一個交代。如此，不僅提問者不會覺得被忽略，其餘觀眾也有了參與感，而你也就功德圓滿了。

　　真正的優雅，不只是在順境時從容處之，而是即使面對挑戰，仍能優游其中。這也是為什麼奧黛麗・赫本會說「優雅是唯一不會褪色的美」，而本篇談到的上台三氣，就是讓你在緊張時仍能展現優雅的具體方法。持續練習，相信你很快就能開始享受優雅、擁抱優雅！

和團隊一起拍團體照，
如何為品牌形象加分？

Q29

　　有很多領導者為人謙沖自牧，每逢需要拍公司團體照時，總覺得大家開心就好，自己站哪裡都沒關係；大家漂亮好看就好，自己拍起來普普通通不要緊。然而，這類照片關起門來欣賞無妨，但若是要公開的照片，那可就不適合了。因為歸根究柢，團體照存在的意義不僅是「讓別人看到這個團隊有誰」，而是外人認識此團隊結構最直接的方式，是團隊文化氛圍的展現，也是看出你領導風格／格局的參考指標。

　　如果因為領導者個人缺乏主角意識，或是不知道如何調整，而讓團隊在照片裡看起來「不像個團隊」，那麼不管照片拍了再多、再好看，仍是無法使用的，實在沒有理由為它白費力氣。所以，身為領導者的你，不論再怎麼謙和、再怎麼不愛出風頭，也得硬著頭皮接受「你就是主角」的事實，並以導演的角度，讓主角（也就是你本人）看起來就像名副其實的主角。

　　然而，在我們進入讓主角「像個主角」的三原則之前，容我提醒你，領導者身邊一定要有兩個重要角色：

- **有政治觀的安排者**：此人通常是公司中的高階人士，要長眼、看得懂「局」，知道如何安排位置才能展現整個團隊的倫理、氣氛、文化，由他來負責安排位置再好不過了（照相時，請他別忘了也要為自己留一個適當的位置）！
- **專屬攝影師**：此人不能只是會按快門，而是需要熟悉你好看的樣子與不好看的樣子，並懂得如何在拍照時適度引導氣氛，拍出團隊最讚的模樣。由他來掌鏡，方能確保拍到好照片。

拍攝團體照的原則

身為領導者，大多時候你並不方便直接跳出來主導局面，這時就得仰賴這兩位的合作無間。他們需要對以下三個原則爛熟於心，以導演的角度嚴格執行，並在情況偏離這三個原則時趕緊喊停，待調整好再繼續拍攝：

主角要站在最中間

拍團體照最基本的概念，就是最重要的人得在最中間。這雖然是眾所皆知的事，但仍常會看到這樣的狀況：有人吆喝大家拍團體照時，因為老闆或前輩通常不會衝第一個，當他們上前時，看到中間已經沒位子，又不好意思請大家讓開，於是就順勢站到有空位之處。**正確的作法是：在最中間留下老闆的位置，請其他人先排好位置，最後再敦請老闆加入，並做最後的微調。**

此外，老闆的左右側需要是公司中的第二人、第三人，並且依照國際禮儀右邊為大、左邊為小的準則來排列。試想，如果這張照片中，雖然董

事長在最中間，但是總經理、副總都擠在後頭，你應該也不會想把這張照片放在公司官網上吧！

主角看起來最有氣勢

在排列拍照位置時一定要注意：**讓主角看起來最有氣勢、最像個領袖**。國內某金控曾邀請我為他們最傑出的十二位業務菁英進行訓練，因為這群同仁即將要和董事長一起出席記者會，其照片將被刊登在一流的商業雜誌上，但卻不太確定該怎麼排「站位」才好。

關於「站位」的排法，公關部門其實已經做過初步模擬，可是還是沒有十足的信心，因此我請他們把當時模擬的照片讓我檢視。看過照片，我認為此排法是行不通的，原因在於：他們把這十二位菁英中最高、最帥的兩位年輕業務排在董事長旁邊，董事長雖然不矮，可是站在兩位身高185公分的小夥子中間，看起來不僅「夾縫中求生存」，更像是所有人的爺爺。

於是我建議，請這兩位年輕人往旁邊站，董事長兩側改換身高與他差不多，並且長相比較成熟穩重的同仁。而除了拍照位置，我也告訴他們，不妨讓董事長正面面對鏡頭，其他人則微微側身，如此就更能襯托出董事長的氣宇軒昂。

而除了上述方法，**只要掌握「主角面積大、其他人面積小」的關鍵，就能將主角凸顯出來**，例如主角雙腿沉穩站開，雙臂往外張開，其他人則雙腿併攏、雙手自然垂放；也可以讓主角往前站半步，或其他人則稍微後退一點等，以讓主角更為突出。

主角要是最佳狀態

最後，你一定要確認這張團體照中，主角要是最好看的。然而這裡說的「最好看」，不是指他要在這張照片中「豔冠群芳」，而是這張照片拍出的他，需要是他本人「狀態最好的版本」！如果同樣的站位、同樣的姿勢拍了很多張，最後需要挑出一張的話，請秉持「主角狀態佳，其他人不醜」的原則就可以了。

> ### 領導者 Notes｜避開讓大家「白忙一場」的團體照地雷
>
> 　　除了以上讓主角像個主角的三個原則之外，你也需要避開讓大家「白忙一場」的四個地雷。沒錯，拍團體照是有可能白忙一場的！除了明顯失敗的照片（像是有人閉眼睛、臉被遮住，或是大家都比某個手勢或露齒笑卻獨缺一人沒配合）之外，以下四種團體照，對領導者造成的傷害其實不可小覷：
>
> * **向心力弱的照片**：例如會議上，你在台上講話，台下聽者的肢體動作與表情顯得意興闌珊——坐姿向後攤在椅背上、雙手抱胸、眼睛沒看你、低頭滑手機等。這時務必要請大家調整姿勢：坐姿稍微前傾、雙手輕放於桌面，眼神專注在你的身上，而手機千萬不能拿出來！
>
> * **人氣不旺的照片**：例如你在股東會上致詞時，台下卻有許多位子是空著的。即使參與者不多，你也可以請參與者集

中坐到最前面區域，而不要零零散散地坐在不同的角落。

- **政治不正確的照片**：例如老闆、重要人士站的位置不對，或是站在醒目位置的人穿著不對、角色不對、甚至長相不對。穿著不對，可能是穿得太邋遢、太不正式、太有特色、不像這家公司成員的穿著；角色不對，例如工讀生站在照片中最顯眼的位置；長相不對，例如老闆的臉很大，身旁就不能站一位巴掌臉的人；老闆的江湖草根味強，旁邊就不能擺一個氣質空靈、看起來不食人間煙火的人。
  在此提供一個「最佳綠葉」的長相參考值：長得五官端正、中規中矩，卻又不是特別地美豔／帥氣／有個性，這種「七十分」的長相，演起綠葉是最吃香的。

- **環境跟企業文化／產品無法相互輝映**：例如企業文化自由創意，你卻坐黑色高背皮椅，看起來像個老古板；產品訴求崇尚安全，但背景窗簾卻沒拉整齊等。

Dress Code 展現「數大，便是美」

公司拍攝團體照時，若能約定穿著模式，不但能展現出「數大，便是美」的氣勢，更能瞬間營造出萬眾一心的視覺印象，因此我建議公司在拍攝團體照時，事先約定 Dress Code。然而，Dress Code 代表所有人的穿著都要一模一樣嗎？那倒不一定，以下分成「有制服」和「沒有制服」兩種情況來討論：

- **有制服的產業**：請員工穿著制服，並且要確認所有人穿著制服的細節皆符合公司的制服 Dress Code，包括名牌別的位置、襯衫是否塞到褲子裡、綁馬尾的高度、鞋子顏色、襪子高度等。至於領導者的穿著，則需要能夠一眼看出「這個人是老闆」（如果穿著一模一樣，則站姿與位置就是辨識的關鍵）。

- **沒有制服的產業**：建議所有員工的穿著中一定要有「共同元素」，沒有人可以例外！此共同元素可以是服裝形式（參見 Q10 的「商務穿著正式度階梯」）、顏色或款式，而當團體照的人數愈多，此共同元素需要愈顯而易見。同樣地，身處其中的領導者需要能夠立即被辨認出來，其穿著模式最好能明顯地與旁人不同，但又隱隱約約有所連結。例如所有員工都穿白色 T-shirt 配牛仔褲，老闆則穿白色襯衫配牛仔褲，因為正式度不同，一望即知誰是老闆，但老闆與員工之間，又有著「白色」與「牛仔褲」做為連結，因此看起來仍然像是一個團隊。

  此外在團體照裡，相鄰的人就是你的背景，因此務必要把穿著相同顏色的人錯開，才能夠相互凸顯！在我的形象課程中，每一班都會拍攝紀念團體照。拍照時，學院顧問們會提醒大家看一下自己和相鄰學員的穿著顏色是否相同？如果相同，例如兩個人都穿黑色，就得換位子，以免造成在照片中看起來像「一團黑色，上面有兩個頭」的狀況。

照片，是能將「記憶重新洗牌」的

　　有時我們會在貴賓來訪的時候拍照留念，這時若要寄照片給貴賓，請務必精挑細選「他看起來很稱頭」的照片；如果對方是領導者，那麼他不只要好看，更要看起來有氣勢！

　　在我的領導者魅力培訓課程中，一位高階主管分享了有趣的經驗：有一次公司招待眾多合作夥伴，其中不乏互為競爭對手的廠商，在這裡我們就暫且稱他們為 A 廠商與 B 廠商吧。當時一拍完團體照，負責拍照的同事就準備把照片統一發送給所有與會者，但經驗老到的公關主管卻發現：照片中 A 廠商看起來雄赳赳氣昂昂，B 廠商站在一旁，看起來像是 A 的小老弟一樣，因此即時攔了下來，否則萬一最後真的把這張照片寄過去，對方對照片的感受當然不會太好，對當天會面的愉快記憶也就跟著打折了。

　　最後，容我再說一次：一張團體照，不只能看出這家公司的成員，更能看出這家公司的文化氛圍、人員素質，甚至領導品質。下次有機會拍團體照時，別忘了先把這篇文章拿出來複習（也可以讓團隊夥伴們傳閱一下），運用這些方法，讓每一張團體照，都成為公司的正面廣告！

人脈連結
領導者是萬人迷

「君子無入而不自得焉。」─《中庸》

參加晚宴，該怎麼穿才得體？

想像一下：這天，你收到一封正式信函，這封信來自你行業中被公認為「最高榮譽」的獎項評審委員會，信中告知你獲頒他們最重要的獎項，頒獎典禮將在一個月後舉行。當獲獎的興奮喜悅之情逐漸落定之後，你心中浮現的第一個念頭，會是什麼？

「我該穿什麼！？」

這是許多人的第一反應——友嘉集團的朱志洋總裁也不例外。

要說朱總裁的故事，得從他的千金朱姵穎身上開始講起。姵穎是友嘉集團董事，也是我在商周 CEO 學院【魅力領導學】的學員，從小就跟在父親身邊的她，看著父親從企業草創初期到被譽為「併購大王」的今天，始終奮鬥不懈，知道對父親而言，獲頒象徵科技業終身成就獎的「潘文淵獎」，不僅是生涯中重要的里程碑，也是對他一生貢獻的極大肯定。這不只是一個獎，更是台灣科技業對父親戮力耕耘的認可，是家族共有的榮耀，更是全公司的驕傲。姵穎深知此獎對父親的重要性，因此主動請纓，擔下為父親打點當天穿著的重責大任，並與我討論當天的穿著策略。

而其實不論是平日上班、商務場合、媒體採訪或頒獎典禮，只要運用「導演」思維，以「形象策略三圓圖」來審視，就能迅速找出自己的形象策略；並進一步結合「穿著金三角」：正式度、政治度與整體度，將形象策略化為更全面、具體的操作方法。在思考時，不妨拿一張紙，一面沙盤推演，一面將這些考量點都記錄下來，例如以下這張圖，就是朱總裁出席頒獎典禮的思考流程：

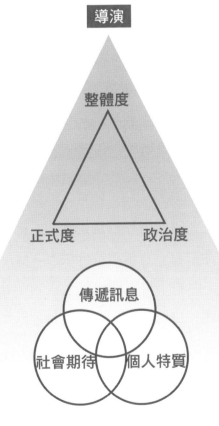

正式度
以 Black Tie 顯示對此獎的敬意

政治度
展現此獎代表人物的格局與氣魄

整體度
全家人在穿著上有共同語言

社會期待
科技業領導者

個人特質
沉穩務實、目標導向

傳遞訊息
展現領導者風範，表達對業界潘文淵獎的尊敬之意

我們先就朱總裁的「形象策略三圓圖」進行分析。朱總裁是個沉穩務實、目標導向的企業家（個人特質）；於此場合，需要一望即知是個科技業領導者（社會期待），而其期待傳遞的訊息，除了領導者風範外，也希望能透過穿著，展現出對業界與潘文淵獎的尊敬與慎重（傳遞訊息）。

有了「形象策略三圓圖」做為基礎，我們就能進一步用「穿著金三角」，擬定更具體的計畫。

- **正式度**：雖然潘文淵獎沒有制式的穿著規範，但由於此獎項在業界有著舉足輕重的份量，得獎者當天的樣貌，不只會被在場的與會者看到，更會透過照片、影片流傳後世；不只會被台灣人看到，更會受到國際產業人士關注。有鑑於此，朱總裁決定出動他在姵穎結婚時訂做的 Black Tie 晚禮服。

- **政治度**：身為受獎者，朱總裁不能隱沒於眾人之中，而需要成為主角，「穿著 Black Tie」本身就能達成此目的。

- **整體度**：我們在 Q29 提到當企業拍團體照時，所有人的穿著要有共同元素，方能展現出團隊的氣勢，在這裡道理也是相同的。畢竟，儘管受獎的是朱總裁，別人看到的卻絕非只有朱總裁一個人，而是整個家族、整個團隊——這也意味著，姵穎不是只要決定父親的穿著就好，也需要從導演的角度來思考母親和自己要穿什麼？因為，母女二人當天會站在朱總裁兩側合照，穿著正式度需要與父親差不多，並且有共同點，看起來要像緊密的一家人，才能創造出 1 ＋ 1 ＋ 1 ＞ 3 的效果！有鑑於此，為了配合朱總裁 Black Tie 的穿著，夫人穿上了一襲淡粉色的晚禮服，姵穎自己則身著白色蕾絲洋裝，讓「白色」與「晚宴元素」

成為全家人穿著的共同語言，也讓全家人站在一起，看起來和諧、團結、向心力十足，彼此都是彼此最好的支援。（關於服裝的共同語言，請參見 Q32）

頒獎典禮過後不久，我在商周圓桌趨勢論壇遇到朱總裁，他對於當天的成效感到很滿意，也十分肯定女兒的學習成果。看到形象美學的智識不僅成為朱家的傳家寶，更為台灣科技業的企業形象加值，讓我覺得與有榮焉。

接下來，我將對「穿著金三角」中的三個項目一一進行分析，此原則不只適用於社交場合，也可以應用在各式各樣的商務場合中。以下，就讓我們先從「正式度」開始，關於「政治度」與「整體度」的討論，詳見後面篇幅。

正式度：晚宴場合的穿著潛規則

關於國際場合中的「正式晚宴」應該穿什麼，是許多人的煩惱。大家之所以忐忑，常是因為不確定自己究竟該怎麼穿才夠得體、夠正式，畢竟一個人，乃至於一個國家的文化層次與品味高低，在正式晚宴中是嶄露無遺的──而穿得「不好看」，還可以說是每個人審美觀不一樣，但是穿得「不得體」、「不正式」，只會顯示出一個人不僅缺乏文化涵養，還連事先研究的功夫都懶得花。

在 Q10 中，我們已經提過「商務穿著的正式度階梯」，而社交晚宴場合也有專屬的正式度階梯，只是我們平日較不熟悉，所以面臨這類場

合，往往容易緊張出錯。

我的學員 May 曾與我分享她的「慘痛」經驗：一次她到倫敦參加國際會議，在一整天的會議之後，大會安排了一場正式晚宴。她觀察白天研習時，大家都穿著正式西裝／套裝，而晚宴邀請函上寫著「Formal Wear」（正式穿著），所以她就延續白天會議時所穿的正式套裝前往晚宴會場。殊不知她一踏進會場就想往地上找個洞鑽進去：只見男士們都穿得很有晚宴感，一眼望去皆是「西裝加黑領結」，甚至還有人穿著更正式的Tuxedo；女士們則身著小禮服，手拎晚宴包。此刻全套套裝、背著公事包的她身處其中，就像是旁人的秘書！

原來，儘管都是「正式穿著」，但是白天的正式穿著定義，跟晚上的正式穿著定義是不一樣的！在西方文化脈絡中，人們對於白天／晚上的正式穿著模式已然有基礎共識，因此大家自然就會服膺相同的潛規則，但對於還不熟悉的人而言，就很容易貽笑大方了。她一面將那天的合照秀給我看，一面說：下次絕對不穿商務服裝去晚宴了。

常見晚宴 Dress Code

以下是常見的幾種晚宴 Dress Code，除了 White Tie 之外，其餘幾種服裝都是身為領導者會用得上的。千萬不要覺得參加晚宴穿什麼無傷大雅——不論正式或輕鬆，只要是晚宴場合，都有相對應的穿著模式，Overdress 或 Underdress 只會讓你格格不入。

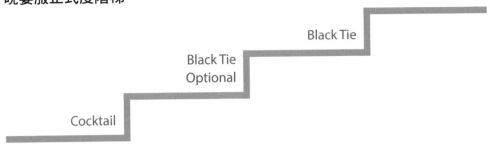

晚宴服正式度階梯

White Tie：最正式的禮服

　　在國際場合中正式的大禮服，通常見於國宴等級的儀式，例如白金漢宮主辦的國宴、諾貝爾獎頒獎典禮；在少數非常正式的宴會（如歷史悠久的維也納歌劇節 Vienna Opera Ball）上，也會需要穿著 White Tie。除此之外，它也是音樂家正式演出時的穿著，帕華洛帝（Luciano Pavarotti）雖然經常唱得大汗淋漓，卻仍堅持穿著全套 White Tie 演唱，就是因為它在傳統上是音樂家最正式的穿著。傳統的 White Tie 有嚴謹的穿著規範，除了有尾巴的禮服外套（也就是「燕尾服」）之外，最容易被辨認的細節就是「白色領結」；而女士除了需著及地禮服之外，也會需要戴「白手套」。即使你不一定有機會實際穿它，也千萬不要和 Black Tie 搞混了。

Black Tie：常見的晚宴正式穿著

　　在一般人可能遇到的國際晚宴穿著模式中，Black Tie 是最正式的一種，例如奧斯卡獎、金球獎等頒獎典禮都是採用 Black Tie。正統的男士 Black Tie 穿著包含：黑色或午夜藍色晚禮服外套（Tuxedo）、白色打褶襯

衫或翼領襯衫、黑色絲質領結、與外套同材質且外側有絲質緞帶鑲邊的長褲，以及一雙黑色漆皮晚宴皮鞋，當然要搭配黑色紳士襪。女士則需穿著長度及地的禮服，此外款式質感皆屬上乘的及膝禮服亦可被接受。如果不想穿裙裝，也可以穿上一襲聖羅蘭的經典之作「菸裝」（Le Smoking），展現風情萬種的中性魅力！

特別提醒：如果想找穿著靈感，可以上網搜尋明星們出席頒獎典禮的 Black Tie 照片，但是需要留意照片中的搭配並不一定是正統的 Black Tie 穿法，而可能是加上主題式 Dress Code 的穿法（如 Black Tie Creative，意指不一定要穿純黑或午夜藍的晚禮服外套，而可以自由選擇有創意的晚禮服與領結顏色）。如果你要參加的場合雖然正式隆重卻鼓勵大家展現創意，可以做為參考，但若是要出席的是傳統的場合，建議你還是保守為上。

Black Tie Optional：兼具正式度與方便性

Black Tie Optional 兼具正式度與方便性，是現今西方社會中最受歡迎的晚宴穿著模式。然而，它其實是因應現代男士並非人人都有 Tuxedo，才應運而生的穿著模式。

因此，若請束上寫著 Black Tie Optional，而你的衣櫃中有 Tuxedo 的話，就可以按照 Black Tie 的傳統穿著；若是衣櫃中沒有 Tuxedo，可以穿上你最上乘的商務西裝外套，只要這件外套是純黑色、深藍或深灰色，並且合身度完美、質感優異即可。接著搭配燙得漿挺的白襯衫（如果有打褶或袖鈕更好），如果沒有黑色領結，則可打上低調內斂的素色領帶（純黑色、深藍色、深灰或酒紅色，避免斜紋或有圖案的領帶，那會讓你看起來跟上

班沒兩樣）。至於下半身則適合穿與西裝外套同套，純黑色、深藍或深灰的正式西裝長褲，搭配黑色紳士襪與亮皮的繫帶皮鞋，如此也能營造出紳士的晚宴感。而女士的處理方式亦同，如果沒有長度及地的禮服，也可以穿著款式質感皆屬上乘的及膝小禮服，並運用珠寶配件營造出晚宴感。

這也是為什麼在 Q25 的形象急救箱中，我會建議男士的領帶要選擇深藍素色款式，女士的洋裝也需要是優雅經典、質感優良的及膝款式，就是因為唯有符合這些條件，這些單品才能不僅適用於商務情境，也能符合晚宴的需求。

Cocktail：舉杯歡慶的宴會氣氛

穿 Cocktail 的場合，顧名思義就是要舉杯歡慶，說「Cheers！」的場合！這類場合比正式晚宴來得輕鬆，例如訂婚宴、花園婚禮、節慶聚會、慶功宴等歡樂時光。紳士們儘管需要穿西裝、襯衫、領帶，但是搭配不宜太拘謹嚴肅，可以盡情展現你的活潑、創意與藝術感，若場合偏輕鬆，或許也不一定要打領帶，可以用袋巾、領巾來展現宴會氛圍。至於女士穿著的發揮空間就更大了，各種及膝小禮服、小洋裝，只要得體美麗且符合宴會氣氛，都是適宜的。

讀到這裡，或許你已經開始思考：自己的衣櫥中是否已經具備幾套得體且亮麗的晚宴「戰袍」了呢？建議你，即使沒有「Black Tie」場合的晚宴服裝，也務必備妥幾套符合「Black Tie Optional」與「Cocktail」的晚宴服裝，這是建立「晚宴基本服飾骨架」（參見 Q10）時最基本的要求。

身為社交場合的「主人」和「客人」，該怎麼穿？

你或許也同意：書讀得多、學歷高的人，不等於是有大智慧的人。

「穿著金三角」中的「正式度」，就很像讀書考試——只要對文意有基礎的理解，就能夠拿到基本分數。然而，其「政治度」卻更接近於：是否能將字裡行間的思想，結合對生命況味的體會，化為待人處事的智慧？而若能進一步掌握「整體度」，那意味著此人不只獨善其身，更懂得如何彈性調整自己、調整團隊成員，進而與周遭的人事物協調共榮，創造共好。

前面我們已經對社交場合的「正式度」略有了解了，接下來繼續將「政治度」與「整體度」納入討論。首先是政治度：社交場合的穿著政治度，比商務場合更細膩、更隱微。這也是為什麼我們一想到晚宴穿著，心情往往「既期待又怕受傷害」。畢竟對一般人來說，一生中會遇到的晚宴場合次數可能僅是商務場合的二十分之一，練習機會有限，所以較沒有把握。而有些人儘管對於商務場合的穿著會嚴陣以待，但到了社交場合，卻因為認為「反正只是在社交」，只要穿著得體、顧及「正式度」就萬無一失了，卻忽略了「政治度」的重要性，因此難以穿得真正到味與到位。

其實事情雖然沒有那麼簡單，但也沒有那麼難。社交場合穿著「政治度」的核心，說穿了還是得回到「導演」的角度來看：你的角色是什麼？你有什麼樣的任務？想要達成什麼樣的目標？

主人穿著策略：穿出氣勢與隆重感，給予客人穿著空間

我的學員 Lily 來自高雄，和先生白手起家，建立起聲譽卓著的企業，先生離世後，她一肩挑起家族企業的擔子。

Lily 是個很愛美的女人，平時不論在什麼場合都會希望自己看起來漂亮、年輕。幾年前，Lily 的獨生女兒要結婚了，特別請我協助挑選主婚人的服裝，而在出發採買之前，我們一如往常地坐下來仔細討論她的期待與需求。

在見面之前，我的想法是：女兒的婚禮是大日子，無論 Lily 想穿得多漂亮，都要為她達成心願。沒想到她一坐下來就開門見山：「老師，我不用很漂亮沒關係！」我問，為什麼這麼說？她回答：「這次漂亮、年輕都不是最重要的，但是一定要『很有氣勢』！」

原來，她心中是這麼想的：「如果先生還在，或許我只需要穿得像個企業家夫人就可以了；但是既然先生不在了，我的角色就不只是新娘的母親，更是『一家之主』。」她很清楚，自己的任務是展現家族風範，並讓兩百桌賓客一看到自己就知道誰是「主人」，換句話說就是：像女王一樣。我們進一步對焦她希望傳遞的訊息，最後決定定位為：讓大家覺得這個家族，是豪門卻不奢華，雖富裕卻不浮誇，是個注重教養與品味的積善之家。

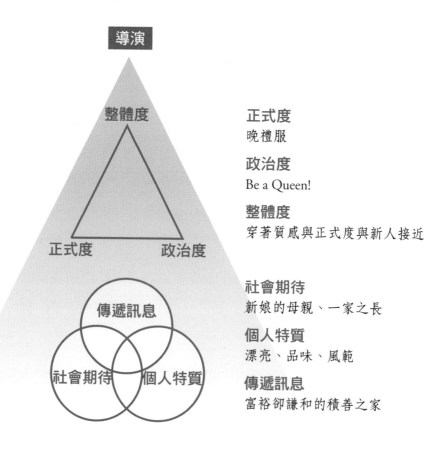

導演

整體度

正式度　　政治度

傳遞訊息

社會期待　個人特質

正式度
晚禮服

政治度
Be a Queen!

整體度
穿著質感與正式度與新人接近

社會期待
新娘的母親、一家之長

個人特質
漂亮、品味、風範

傳遞訊息
富裕卻謙和的積善之家

　　於是，我們立即驅車前往一家深受國內外政要們信賴並青睞的品牌。我為她選了剪裁簡單、質料上乘的上衣，配上一件垂墜感、線條與光澤都無可挑剔的寬版長褲。我看著她從更衣室中走出來，整個人流露出一股雍容的風華、非凡的氣勢，當她望向鏡中自己的那一剎那，臉上的表情也不一樣了，那個當下我就明瞭：這就是她要的── Be a Queen ！

　　Lily 思考此事的方式在我心中留下很深的印象，也是主人思維的最好示範：身為一個主人，需要先釐清自己希望別人如何看待自己、家族與企

業，然後你的形象就要「是」那個樣子！

如果身為主人的你正要為晚宴規畫穿著，不妨像 Lily 一樣用「形象策略三圓圖」抓出整體穿著的大原則，再以「穿著金三角」落實之：

正式度：訂定明確 Dress Code

在籌辦宴會時，我們一定會用心設計會場、安排燈光、布置花藝、搭配菜色、挑選音樂，這些感官元素都圍繞著特定的主題而生。然而，在精心安排所有元素之後，別忘了「賓客」也是元素之一（還是最搶眼的元素！）如果主人沒有指定 Dress Code，無疑就是冒著讓賓客成為影響宴會氣氛與格局「不可控元素」的風險。

除了降低風險之外，指定 Dress Code 也有實務上的好處：

第一，明確的 Dress Code 讓客人能方便有效率地準備服裝；

第二，賓客在準備穿著的過程，就啟動興奮期待的心情；

第三，大家抵達會場後，立即產生「同屬一群人的認同感」，並營造「數大，便是美」的視覺效果！

領導者 Notes：「主題性」Dress Code 讓晚宴更有味道

正式度 Dress Code（如 Black Tie、Cocktail），其實是最基礎的 Dress Code，有點類似為晚宴選擇「音樂類型」（如古典樂、搖滾樂、爵士樂），能大致訂出晚宴的格調，可是若想更進一步地強調某種氣氛，就得仰賴音樂的「主題性」！

例如同樣是古典，有的場子適合氣勢磅礡的交響樂，有的則適合文靜典雅的室內樂；同樣是搖滾，七〇年代帶有民謠草根味的搖滾，與千禧年後混入電子基因的搖滾樂又不同；同樣是爵士，什麼時候該配 Big Band？什麼時候該配 Be-Bop？該選擇鋼琴為主奏的樂曲，還是小號手領銜的樂團？凡此種種，都會影響一場晚宴的味道，這就是「主題性」Dress Code 的魔力！具體的操作方法是：指定正式度後，再加上具體、簡單、清楚的主題性 Dress Code 說明，例如需要穿 Cocktail，並且身上一定要有黃色或藍色。或如同我曾參加過的一場晚宴，請所有男賓都扮演「007」：Black Tie，並戴墨鏡；所有女賓則化身為「龐德女郎」：穿晚禮服，純黑或正紅。

政治度：依循 Dress Code，並結合希望傳遞的訊息，做到「極致」

身為主人，當然要以身作則，不僅要服膺自己指定的 Dress Code，更要結合想傳遞的訊息，並做到「極致」。這裡的「極致」，可以根據你所想傳遞的訊息，來選擇不同的傳遞方式，例如 Lily，因為想強調影響力，就選擇在「氣勢」上做到極致，讓大家一看到她就知道她是主人。而如果想強調身分地位，則可以透過極致高品質的服裝來展現；若想強調創意新潮，或許就得靠前衛有設計感的服裝來達成目的。**運用服裝做到極致，不只是為了強化訊息，更是為賓客著想的舉動：因為在社交場合的穿著潛規則中，沒有人可以穿得比主人更「極致」**，包括比主人更高貴、比主人更有氣勢、比主人更吸睛……而主人的極致，其實是給予賓客們展現的空間。

整體度：體貼你的賓客，準備「變裝方案」

在前頁提到的「007」主題的晚宴中，主人知道並不是所有男士都有適合的服裝，因此在入場處就準備了許多黑領結與墨鏡，讓需要的賓客可以立即換上。至於女賓客，主人也精心準備了小驚喜：五顏六色的羽毛圍巾，讓每位女士都能選一條披在身上，逗得大家芳心大悅！我想在場的賓客中，一定有許多人與我一樣，儘管事隔多年，仍歷歷在目，而主人的堅持與貼心，至今也仍駐留在我的心中。身為主人，他很清楚自己就是這場晚宴的領導者，對於晚宴氣氛有清楚的期待與目標。儘管這份期待與目標對一部分賓客來說有點難度，然而一位堅定的領導者，不會因為困難就對自己的期待妥協，而是尋找方法協助賓客去達成目標，並且在過程中，讓賓客的感受是舒服的。

客人穿著策略：融入主題，恰如其分扮演角色

而做為領導者的你，當接到晚宴邀約時，你心中該思量的絕對不是：穿哪一件才好看？而是該以「形象策略三圓圖」抓出整體方向，並進一步運用「穿著金三角」，進行全面審視：

- **正式度：** 晚宴的 Dress Code 是什麼？
- **政治度：** 這是一個純社交放鬆的晚宴，或是負有使命的晚宴？我的角色與任務是什麼？是主客還是陪客？是主角或配角？這場晚宴參與者還有誰？宴會中的 Key Person 是誰？
- **整體度：** 我和同行者（伴侶、團隊成員）之間，是否有共同元素且能

相輔相成？而其他參與者會穿什麼？我（或我們）是否能融入其中？

當你開始啟動這樣的思考，就會發現：晚宴真的不只是吃吃喝喝，在觥籌交錯之間，有許多任務正在暗自運作。而你就像個特務，身負著五花八門的超級任務，可能是要「搞定」某人，可能是要讓某人很有面子，可能是要襯托某人，可能是要讓某人知難而退……。

我有一位學員是外交官夫人，她的分享就十分經典。她告訴我，每次舉行晚宴，外交官夫人們都會互相探聽「女主人穿什麼？重要來賓穿什麼？」藉此來拿捏自己穿著的分寸。她進一步說明：因為身為使節，不只代表自己，也代表國家，而「晚宴穿著」就是外交斡旋中大家雖不明言卻十分在意的環節。穿得太過頭，把主人與貴賓全比了下去，是一件很失禮且白目的事；然而若穿得太樸素黯淡，也會讓自己的國家失了顏面。

這位外交官夫人的故事道出了一個真理：不要以為只有身為主角才會惹人注目，身為配角就不必在意穿著！畢竟你不是隱形人，不論身分是主角或配角，只要在場，別人就看得到你，而只要別人看得到你，你的穿著打扮就很有關係！就如同蜜雪兒‧歐巴馬所言：「**我踩在一條非常微妙的界線上。我必須顯得搶眼，但又不能搶走別人的丰采；我必須能融入整體，但不可以消失在群體中。身為黑人女性，我知道自己穿得絢麗高貴會招致批評，穿得隨性自如也會引人非議。**」穿著所產生的心理聯想與政治效應，是不容忽視的，因此無論角色為何，都需要了解得宜的穿著策略才是，而這時「穿著金三角」就又派上用場了：

正式度：遵循 Dress Code

如果請柬上未寫明 Dress Code，或是寫得不夠清楚，請你不用客氣，就直接詢問主人吧！主人非但不會見怪，反而還會感謝你的用心。

政治度：依角色與任務，拿捏穿著分寸

接著，你需要搞清楚自己的角色與任務，並根據角色與任務來決定穿著的分寸（包含品質／品牌／漂亮／氣勢／吸睛程度），千萬不要在該展現的時候卻保持低調，或是明明是配角卻穿得喧賓奪主！我就曾聽過這樣的故事：某女性銷售精英在參加一場餐宴後，明明快要到手的案子卻無疾而終了──經過旁敲側擊才發現，原來她當天穿得非常有女人味，吸引了全場男人的目光，卻沒想到大客戶的太太在旁邊目睹一切，因此對她的專業度與為人產生了質疑，而把案子攔了下來。

整體度：保留彈性

如果無法確定其他與會者的穿著調性是正式或休閒、是華麗或低調時，最保險的作法是讓自己的穿著保留「能夠調整的彈性」，這樣在到場後只要立即調整就不會顯得突兀了。例如當你穿了無袖洋裝，但不確定是否太暴露，可以加上一件小外套，等到場再決定是要保留小外套或是脫掉；而當你不確定自己穿得是否太樸素，不妨把一對華麗的耳環放在包包裡，若到場後發現自己穿得不夠亮眼，只要立即戴上耳環就可以了。

相同地，你可以運用「社交場合穿著晚宴感參考表」大致推測出可能需要的點數範圍，再決定自己要運用什麼單品來調整。

無法得知正式度怎麼辦？

如果 Dress Code 無從問起，還有一個終極密技：根據餐宴地點與舉行時間，就能大致推測出該場合適宜的穿著策略！以下，就讓我們先透過這張「社交場合穿著晚宴感參考表」，來判斷餐宴穿著正式度：

社交場合穿著晚宴感參考表

餐廳等級		一般餐廳 戶外／花園	精緻餐廳 （Fine Dining）	米其林餐廳 五星級飯店
基本點數		2	3	4
時間 加權指數	日間 *1	2	3	4
	晚間 *2	4	6	8

註 1 此表格中建議的穿著點數，是由「餐廳等級基本點數」與「時間加權指數」相乘得出的結果。例如五星級飯店（4）舉行的下午茶會（1），其適宜的穿著點數為：4x1=4 點

註 2 每個場合可接受的誤差範圍在 ±1 點左右，例如前述五星級飯店下午茶會，其穿著點數介於 3 至 5 點都算在安全範圍內；然而，只要是社交場合，其穿著點數最低也不宜低於 2 點，例如參加戶外花園午宴時，即使此場合中對晚宴感的要求較低，但它畢竟還是一個宴會場合，因此若全身上下的點數低於 2 點，就會嫌不足了。

推導出該場合需要的晚宴感點數範圍後，我們就可以著手檢視自己的穿著是否在該範圍內，又要如何調整？你可以參考以下這兩張表：

男士晚宴服點數數算表

服裝 \ 晚宴感程度	3 點（晚宴感強）	2 點（晚宴感中等）	1 點（晚宴感低）
上身	• 合身度與質料皆屬上乘的純黑色或午夜藍西裝外套 • 天鵝絨西裝外套 • 漿挺的上好白襯衫	• 合身度與質料皆屬上乘，但非純黑色或午夜藍的西裝外套 • 織花外套 • 珠寶鈕襯衫 • 有雅士感覺的印花襯衫（非條紋／格子）	• 棉／麻西裝外套 • 非白色的上乘素色襯衫，或設計款襯衫 • 合身度與質料皆屬上乘的高領針織衫、T-shirt
下身	• 與西裝外套同材質的純黑色或午夜藍正式西裝長褲	• 合身度與質料皆屬上乘的西裝褲（和西裝外套同一套，或看起來像同一套） • 有晚宴感的寬管長褲	• 合身度與質料皆屬上乘的西裝褲（看起來和西裝外套明顯為不同套）
配件	• 純黑領結 • 純黑漆皮皮鞋	• 非純黑領結 • 袋巾／豪華別針 • 上乘的絲巾／領巾 • 純黑亮面繫帶／雕花商務皮鞋	• 圍巾 • 素色領帶（色彩限為純黑／午夜藍／酒紅／銀色） • 咖啡／酒紅色亮面商務皮鞋

註 因為 Tuxedo 有嚴謹的穿著傳統，不會與其他服裝混搭，且僅在清楚標明 Black Tie Dress Code 的場合才適宜穿著，故未列入此表中。

女士晚宴服點數數算表

晚宴感程度 服裝	3點（晚宴感強）	2點（晚宴感中等）	1點（晚宴感低）
上身	・大面積裸露（如露肩、胸線、露背） ・晚宴感元素占30%以上	・小面積裸露（如露鎖骨、露全手臂） ・晚宴感元素占10-30%	・無任何晚宴感元素或裸露，但合身度與質料皆屬上乘
下身	・大面積裸露（如露大腿以上20公分） ・裙長及地 ・晚宴感元素占30%以上	・小面積裸露（如露小腿） ・晚宴感元素占10-30%	・無任何晚宴感元素或裸露，但合身度與質料皆屬上乘
配件	・晚宴感強烈的包包 ・有晚宴感的高跟鞋 ・奢華或有晚宴感設計的首飾	・晚宴感中等的包包 ・高跟包鞋 ・高跟涼鞋 ・設計高貴典雅的首飾	・晚宴感低的包包 ・低跟包鞋 ・有晚宴感元素的平底鞋 ・設計簡單平實的首飾

註 晚宴感元素包含：絲緞、透明、鏤空、蕾絲、亮片、水鑽、珠珠、皮草、有豪華浪漫感的刺繡……等。

如何判斷我的包包稱不稱得上是個晚宴包？

晚宴包特質 判斷準則	說明
尺寸	小＞大 一般而言晚宴包的寬度最好小於 25 公分，並且愈小愈有晚宴感，能容納一支手機、一張信用卡、一支口紅就差不多了。若還能裝得下保溫瓶、陽傘、雜誌，代表此包包的尺寸已超出晚宴包的範疇了。
用法	手拿＞肩背＞斜背＞後背 同樣是肩背包，背帶短的（包包位置介於胸到腰之間）會比背帶長的（包包位置在臀部上下）看起來更有晚宴感。例如，若你有一個經典香奈兒鍊帶 COCO 包，平日都將鍊帶放到最長，在參加晚宴時就可以把鍊帶調短，如此就能立即提升晚宴感。
材質	亮面＞霧面 例如同樣是皮質，鏡面漆皮或有光澤的皮革會比霧面的麂皮更有晚宴感；同樣是布料，有光澤的緞紋布會比無光澤的棉更有晚宴感；同樣是金屬，經過拋光的金屬會比霧面處理的金屬更有晚宴感；同樣是背帶，會反光的金屬鍊帶會比皮質背帶更有晚宴感。
珠寶鑲嵌	有珠寶＞無珠寶 珠寶愈明顯、愈大，這個包包的晚宴感也就愈強。

「晚宴服點數數算表」使用說明

在了解基本的晚宴服點數之後（請參考 P.287-288 的「晚宴服點數數算表」），分別檢視上身、下身與配件的點數，並將此三項點數加總起來，即得出你全身穿著的晚宴點數。以下舉兩個範例說明：

- ### 範例一：Steven 的晚宴穿著

假設 Steven 受邀至一家知名的法國餐廳參加晚宴，他穿了襯衫、外套與牛仔褲，再穿上皮鞋，但不確定自己這樣穿是否適當，就可以參照 P.287 的「男士晚宴服點數數算表」，來計算出全身穿著的晚宴點數。下表中左邊是他原本的穿著，晚宴點數總計為 3 點，到一般餐廳還可以，但是若要赴「精緻餐廳晚宴」，就嫌不夠正式了，此時只要將牛仔褲換成和上身看起來像同一套的黑色西裝褲，再換上更具晚宴感的黑色亮皮皮鞋，讓全身總計點數達到 6 點，即能符合需求。

調整前		
上身	深藍／黑色相間的織花外套 淺藍色素色襯衫	2 點
下身	牛仔褲	0 點
配件	咖啡色商務皮鞋	1 點
總計		3 點

→

調整後		
上身	深藍／黑色相間的織花外套 淺藍色素色襯衫	2 點
下身	合身度與質料皆屬上乘的黑色西裝褲	2 點
配件	黑色亮皮皮鞋	2 點
總計		6 點

- **範例二：Nicole 的晚宴穿著**

　　而 Nicole 正在為一場於希爾頓飯店舉行的午宴做著裝準備。她原本打算穿著露肩洋裝搭配珠繡手拿包，但隱約覺得太過隆重，參考 P.288 的「女士晚宴服點數數算表」之後，發現該場合需要的點數為 4 點，自己的穿著有 8 點，顯然是太過隆重了。這時，她可以在洋裝外穿上一件針織外套，並換掉晚宴感強烈的珠繡手拿晚宴包，改背另一個晚宴感沒那麼強的包包，就能立即將點數降低到 5 點左右。

調整前		
上身	露肩及膝 黑色小洋裝	3 點
下身		2 點
配件	綁帶高跟鞋 珠繡手拿晚宴包	3 點
總計		8 點

→

調整後		
上身	針織外套	1 點
下身	露肩及膝 黑色小洋裝	2 點
配件	綁帶高跟鞋 金屬扣環皮質肩背 小包包	2 點
總計		5 點

與伴侶一起出席社交場合，如何為對方加分？

還記得 Q30 中，我們談到朱總裁上台受獎時，站在他身旁的夫人與女兒姵穎皆穿著有「白色」與「晚宴元素」的服裝，讓一家人看起來和諧有整體感嗎？當天朱總裁一家的穿著，彼此互為幫襯，為穿著金三角中的「整體度」，做了最好的示範。

是的：**「整體度」，就是指團隊成員彼此之間，搭配起來的和諧度與整體感，包含外在與內在。**「外在整體度」，意即團隊成員的外在穿著之間有共同元素，包括明顯的共同元素（如色彩、特定款式、特定單品），或是隱微的共同元素（如正式度、質感等）。至於內在的整體度，指的是團隊之間的感情與默契，從彼此間的互動、肢體動作與眼神，就可窺一二。以下，就讓我們一一分析：

外在整體度：成員們身上要有共同元素

在重大場合常可以看到，當政要或企業家夫婦並肩出席重要場合時，

兩人服裝中有著「共同元素」，例如當董事長打著某種顏色的領帶，他身旁的夫人穿著相對應顏色的服裝。這種穿搭方式廣受國際領導者們歡迎，不僅因為它效果好，更是因為它操作起來安全、簡單、有效率且不易出錯，能立竿見影地傳遞出整體感、和諧感。

如果伴侶或團隊成員中有男有女，其具體操作步驟是：由女性先決定當天的打扮，男性再配合選擇穿著。之所以由女性先決定，是因為女性的穿著選擇雖然很多，但恰到好處的卻很少──要找到一套身分、地位、身材、性感程度、質感品味皆符合個人條件與場合需求的服裝並不容易。相對而言男性服裝的變數少，即使需要調整，往往只要換一件襯衫或一條領帶就可以了，比起女性容易得多。

因此，若該場合不需要穿特定的顏色或款式，通常會由女性先決定當天的穿著，男性再依據女性的穿著來挑選服裝，好讓兩人造型中有共同元素。例如女人選擇紫色洋裝時，男人的領帶中只要有「紫」的元素，無論是素色紫色領帶、紫色條紋或紫色點點……都會很協調。當然，此方法不限於領帶，也可以應用於袋巾、襯衫、西裝、胸花，甚至是襪子上，只是領帶操作起來最簡單，因此也最為常見。

而如果因為場合規定或是其他考量，需要穿著特定的主題色或主題款，此時就沒有誰先決定的問題，因為無論男女的穿著都會需要與此主題呼應。例如在出訪愛爾蘭時，英國的威廉王子夫婦二人的穿著中，皆融入了愛爾蘭的代表色綠色──威廉王子打上墨綠色領帶，凱特王子妃則以一襲淺綠洋裝搭配墨綠大衣。 ❶

當女性領導者是主角時，
伴侶該怎麼穿才不會喧賓奪主？

　　前面舉的案例，都是「男性領導者與夫人」的場合，但是當領導者是女性時，「女性領導者與夫婿」也會需要相互配合嗎？答案是：雖然最好配合她，但往往不會像「男性領導者＋夫人」配合得那麼明顯，因為若是配合得太明顯，反而容易產生「主副混淆」的感覺。

　　例如，在第四十六屆美國總統就職典禮上，吉兒・拜登（Jill Biden）穿著全身水晶藍洋裝與大衣，與總統喬・拜登（Joe Biden）的藍色領帶相輔相成；而副總統賀錦麗身穿紫色連身大衣，其夫婿任德龍（Douglas Craig Emhoff）的穿著乍看之下與妻子並無關連，然而仔細觀察就會發現，兩人的穿著雖然無明顯的共同元素，其正式度與質感卻是相同的。 ❷

　　綜觀國際政界與商界的女性領袖，當需要攜眷出席公眾場合時，其伴侶的穿著幾乎都低調而內斂，且與妻子的服裝沒有明顯的共同元素（如色彩、特定款式、特定單品等）。低調內斂，是為了不要搶走風采；而沒有明顯的共同元素，則是因為「男人領帶與女人服裝同色」已是約定俗成的穿衣模式，然而在目前的社會趨勢中，女性領導者仍然是少數，若採用這個穿著策略，女性領導者很容易就會看起來像是在配合其伴侶，而非該場合的主角。

　　總歸而言：只要是伴侶連袂出席，不論其性別組合為何，穿著都需要有共同元素。然而當場子中男性為主角、女性為配角時，可以採用明顯的共同元素；若場子中女性為主角、男性為配角時，建議採用隱微的共同元素，但如果這位女性

領導者的身分地位已是眾所皆知——如 2017 年梅克爾與夫婿出席 G20 的晚宴場合 ❸、2020 年希拉蕊・柯林頓（Hillary Clinton）在夫婿陪同下發表敗選感言 ❹ ——則不在此限。至於同性伴侶，則可以自由選擇共同元素。

掃描 QRcode 看新聞範例

內在的整體度：為伴侶加分的互動原則

出席伴侶的場子，其實是一個不小的挑戰。因為自己的出現與表現，將會影響其他人對伴侶的評價觀感，有可能是加分，也有可能是扣分。到底與另一半連袂出席社交場合時，要如何有智慧地為彼此加分呢？你可以參考以下互動原則：

正面的臉部表情

名模辛迪・克勞馥（Cindy Crawford）說：「女人出門時若忘了化妝，最好的補救方法便是亮出你的微笑。」我想這句話之於男人也是亙古不變的真理。正面的表情、輕鬆的微笑，能夠展現出你對伴侶的支持、對參與人士的友善與對此活動的認可，是陪同伴侶出席社交場合必備的配件。

深情注視

可以學學法國總統馬克宏（Emmanuel Macron）夫婦：只要是馬克宏上台講話，夫人布莉姬（Brigitte Macron）一定會專注地仰望著他，而當布莉姬開口時，馬克宏也會以欣賞的眼神回應。眼神交流不但能顯示兩人的默契，也是互相支持的證明。

展現體貼的親密互動

對伴侶表現適度的體貼與親密，例如牽手、挽手臂；太太幫先生調整領結、取下外套上的棉絮；先生幫忙太太提重物、開車門、撐傘，或把西裝外套脫下來披在她身上⋯⋯這些行為流露伴侶間的真心關懷，是很好的。然而請記得：可以恩愛，但不要「曬」恩愛，即使你的公司文化明朗開放，也不要表現得太過親密、沉醉在兩人世界，而造成其他人（特別是保守派人士）的尷尬。

讓整體度歸零的互動地雷

此外，不管你們之間再怎麼情深意重，只要出現以下行為，會將彼此的「整體度」瞬間歸零，提醒你務必避免：

* **展現無聊**：請尊重伴侶的發言，適度的回應、談笑，更能幫助賓客對伴侶留下好印象。即使這個笑話你已經聽他講過一千遍了，也請大發慈悲忍住你的白眼、吞下你的哈欠。畢竟，如果連你都不想聽他說話，還有誰會傾聽他呢？

- **口無遮攔**：即便你的確知道與公司相關的事，也不要在伴侶的工作夥伴面前提及，例如「我太太說你們正在做 XX 案子」、「○秘書度假回來了嗎？」等等，這只會讓另一半在別人眼中像是個「口風不緊」、「洩漏公司機密」的人。
- **稱呼暱稱**：不論在家時如何稱呼對方，請謹記在公眾場合要以伴侶在職場上的稱呼來稱呼對方，例如不要叫「孩子的媽」而是叫「執行長」，不要叫「死鬼」而是叫「楊先生」。
- **當眾批評**：雖然每對伴侶之間溝通的風格不同，但賓客面前，請忍住不批評自己的伴侶，真的需要溝通，也留到回家再說會更有效。

　　我有一位愛打網球的企業家學員 Thomas 談到社交場合時，有此妙喻：自己出席是「單打」，但帶另一半出席時，不是兩個人各打各的比賽，而是一起打「雙打」！這也意味著光是自己球技好沒用，得靠伴侶之間的默契配合，方能享受其中，並創造佳績。他說，雙打比賽精彩的關鍵，不在於兩人皆是頂尖高手，而是拍檔之間能力的互補與完美的默契，配合起來，才能雙劍合璧、其利斷金。

　　有趣的是，個性熱情的 Thomas 偏偏娶到了一位性格內斂害羞的夫人，每次需要陪同他出席社交場合時，夫人總是緊張到覺也睡不好。愛妻心切的他特別問我，要怎樣才能讓妻子跟他一起出席社交場合時，能夠輕鬆自在？其實，除了以上針對外在整體度與內在整體度的加強方法，針對內向者，還有更多展現魅力的祕密，我將在下一篇與你分享。

內向者在社交場合
也能有魅力嗎？

社交場合對於個性外向的人而言，是游刃有餘的表演舞台，但是對於個性內向的人來說卻常常是一種壓力，甚至是如坐針氈的折磨。

當內向者不喜歡社交場合，多半是因為認為在社交場合，非得像花蝴蝶般地四處飛舞，到處跟不認識的人攀談，才算是有在「社交」。然而，這樣的舉動實在違背了內向者的本性，看到別人談笑風生的樣子，儘管心中欣羨，卻因為覺得自己做不到／做不好，而產生畏懼或排斥的心理。

以下，我想與內向的朋友們分享兩個心態。只要心態對了，你的「社交恐懼症」往往就能不藥而癒：

- **社交不一定只能停留在表面的交際**，更可以是經驗的交流、文化的交換、想法的交融，甚至是靈魂的交會。社交不一定得頻頻交談、喋喋不休，有時「共同享受美好的時光」就是最好的社交。
- **社交不一定得是主動出擊**。如果主動和陌生人開啟談話對你是一個挑戰，那麼不妨反向思考：讓別人主動來找你談話，而「穿著」就是社交話題上最好的「引子」！

不擅主動社交？讓穿著成為廣告

說到讓穿著成為社交場合中的話題，我就一定得與你分享 Maggie 的故事。Maggie 經營紅酒進口已有一段時間，不善表達的她有著豐厚的文化涵養，靦腆溫和的個性就如美酒般愈陳愈香，只要跟她相處一陣子，就能感受到她的迷人魅力。

然而她卻向我求救：「品酒會上總是人滿為患，能交談的人數與時間都不多，而我又不擅長主動和陌生人聊天……」在深入了解她手上的產品線後，我的團隊與她一起訂出了特別計劃：將穿著，當成是「廣告看板」來經營。

我們為她設計了一系列的造型策略，例如在波爾多主題品酒會上，她會在胸前別上一只從法國鄉間市集尋來的古董別針，當有人讚美她的別針時，便娓娓道來一段與小酒莊老闆搏感情的故事；一襲義大利針織名家 Missoni 的設計洋裝，則為她贏得注目與一筆筆義大利酒的訂單；至於要推薦以蜂蜜香氣著稱的格烏茲塔米那白酒時，花朵與蜜蜂的印花襯衫則是她的招牌戰袍。

她告訴我，開始這麼做之後，不但更自在、更有自信，並且在品酒會上，許多人會因為對她的服裝好奇，而主動過來找她聊天。「沒想到穿著的改變，竟然讓我認識了很多新朋友，有些人甚至成為我的大客戶……這是過去的我無法想像的！」她笑盈盈地說。

Maggie 的成功關鍵，在於善用穿著的故事性與獨特性，引發他人的注意力與好奇心，並觸發開始談話的契機。而「開始」正是與陌生人建立關係最難的部分，只要起了頭，要聊下去就沒那麼難了。如果你也像

Maggie 一樣是個內向者，可以善用服飾本身的故事性與獨特性引起他人的好奇心，讓人忍不住想多了解你。

引人入勝的「故事性」

如同 Maggie 讓穿著的元素帶出自身的個性、背景、經歷……，你也可以讓穿著成為你生命的展示板，透過有故事性的穿著元素，來強化或平衡自己的個性、文化、行事作風、喜好品味等。而當你找到一項適合的元素，不妨讓它重複出現在穿著中，就能成為別人忘也忘不了的個人標誌。

Linda 也是這麼做的。她是一位很有女人味的企業家，光看外表，你大概會猜測她的公司不是與「美」就是與「女性」相關，而萬萬想不到她經營的是陽剛到不行的「國防科技」相關產業。

在她參加領導者形象建構課程時，向我吐露自己的煩惱：因為商務上來往的幾乎都是偏粗獷陽剛的男人，總覺得不知道該穿什麼才好。特別是社交場合，客戶們幾乎都會帶著伴侶出席，要是穿得太女性化，總感覺四周射來一道道犀利的眼光，但要她完完全全打扮得像男人一樣，實在也與個人風格背道而馳。

後來，綜合考量她的個人特質（女人味）、社會期待（國防產業老闆）與傳遞訊息（親切俐落、沉穩專業）後，我建議她採取這樣的穿著策略：經典簡單的穿著，加上「飛行員墨鏡」做為註冊商標。

在接下來的採購過程中，我們也精心挑選了好幾副很有設計感的飛行員墨鏡，成為她服裝的搭配重點：除了戴在臉上，更能當作髮箍戴在頭頂，自然垂下幾綹髮絲；有時則隨興地掛在衣領上，傳遞出率性瀟灑的味道。

為什麼選飛行員墨鏡？不只是因為她本人對於墨鏡情有獨鍾，或是為了和「軍人」做出連結，更是因為我們需要藉由飛行員墨鏡陽光灑脫的特質，來中和她濃濃的女人味，進而調和出直率帥氣的味道。這個選擇，無形中成了她在社交場合中的助力——畢竟看到丈夫平日往來的女企業家，原來是一個如此帥氣中性、直來直往、沒有攻擊性的女人，任誰都會瞬間卸下防備，而能自然的交流了。

引發好奇的「獨特性」

獨特性，可以是一件獨特的單品，一項一般人不太常用的配件（如女士的胸針、男士的袋巾），或者將平常的單品用得很獨特（如把絲巾繫在腰上當腰帶或當髮圈）。之所以要獨特，是因為人都喜歡新奇的事物，當你的穿著有「獨特性」，不僅讓人難以忘懷，還會挑動人的好奇心，忍不住想了解你，進而上前搭話。

例如學員 Michael 是新竹科學園區的 CFO，這幾年來他逐漸心寬體胖，過去慣用的皮帶常勒得他肚子不舒服，因此在我的建議下開始用「吊帶」取代皮帶。而因為他的氣質溫文儒雅，用起吊帶活脫脫就是個古典紳士，他隨即訂做各種優雅的吊帶，天天繫著去上班。這麼做一陣子之後，全公司上下都知道他以擅用吊帶聞名，聚會時常有人特地過來請益，諸如用法、推薦訂做的店家等，儼然成為了同事（特別是有點肚子的男士們）爭相模仿的對象！

反向操作：讓別人的穿著開啟話題

　　有些人樂意讓穿著成為話題，有些人則不希望別人將注意力放在自己的穿著上。但無論你是哪一種人，都可以學習反向操作：由對方的穿著來開啟話題。

　　特別是當你平日不太習慣社交場合，經常搜索枯腸而找不到話題時，不妨練習把眼睛睜亮，觀察對方身上是否有能引起話題的元素？例如，每次與你碰面都是穿料好質佳的套裝、剛換了一只新手錶、修得整齊有品味的鬍型、健康有光澤的髮質等。

　　總之，透過觀察對方身上的「故事性」與「獨特性」，精準問出對方「樂於發揮」的問題，接下來只要專注傾聽，就能順利了解對方，並提升對話的溫度。如果你是內向者，這個方法對你而言不僅不費力，且能大幅發揮你善於傾聽的特質，達到良好的社交目的。

開放式肢體語言，釋放歡迎訊息

　　此外，即使穿了讓別人好奇心滿點的服裝，如果肢體語言不對，別人還是很難與你攀談！將人拒於千里之外的「封閉式」肢體語言，可能是站時雙手抱胸或交握垂放在身前；可能是坐時翹腳，並將手肘往前靠在膝蓋上，讓身體看起來像蜷縮著一樣；可能是閃爍躲避的眼神、百無聊賴的表情……這樣的封閉式肢體語言會讓你渾身散發「生人勿近」的氣息，即使別人對你有興趣，也不敢靠近。

你需要改採「開放式肢體語言」：例如站時雙手自然下垂在身體兩側，坐時身體自然挺立、不往前蜷縮；或是與人直接善意的眼神接觸，露出輕鬆的微笑等。當你的肢體語言對了，即使不主動開啟對話，卻能夠釋放出「歡迎與我聊天」的訊息，讓別人可以很輕鬆地接近你。

「會聽」比「會說」更有魅力

別忘了「善於傾聽」是內向者最迷人的特質之一！人們常誤以為在社交場合一定要侃侃而談、風趣機智，才能顯現出一個人的魅力，然而木訥不善言談的人，若是善於傾聽，可能比口若懸河的魅力更吸引人，因為人都喜歡被傾聽，特別是被一個專注且真心感興趣的人傾聽。

在 Q14 中，我們已經談過讓傾聽更有效的方法，除了運用這些方法，若能發出幾個簡單的「發球話題」，就更能牽起彼此之間的連結。好的發球，需要是與雙方都有關係，並且讓對方「很好打」、有充分發揮空間的開放式問句。例如：

「你是怎麼認識主辦人的？」
「你的專業是什麼？」
「你的耳環很適合你，在哪邊買的？」

而當對方把球打回來，也別忘了繼續把「很好打的球」擊回去。例如：

發球：「你是怎麼認識主辦人的？」

回擊：「我們都是某某大學畢業的，他是我學長。」
再回擊：「喔～所以你們現在都在同一個領域嗎？」

當對方話匣子一打開，你的階段性任務就告一段落，接下來，只要好好傾聽就可以了。

以上的心態與方法幫助許多學員不再害怕社交場合，他們告訴我：這樣的自處之道讓他們放下緊張不安，漸漸能夠自在從容，最重要的是：終於能以自己舒服的方式，享受其中了！

商務社交場合中若想結束對話，
該怎麼脫身才不失禮？

Q34

　　如果說開啟對話是一門「技術」，那麼如何結束對話則是一門「藝術」。你或許也遇過這樣的狀況：有人在跟你聊天，他談興正高昂，你卻需要暫離──可能是有其他要事需要處理，也可能只是累了需要休息一下──然而，你雖然想抽身，卻不知道該如何結束話題，生怕結束得匆促或粗糙，讓對方覺得你似乎對自己沒有興趣，不但對剛留下的好印象打了折扣，甚至產生疑惑：「剛剛的善意傾聽，是不是裝出來的？」

　　到底該怎麼結束對話，才不會失禮、得罪人？其中的智慧就在於「體貼之心」，不只體貼自己，也要體貼對方。

　　體貼自己，是能夠看到自己的需求、感受、能力，是否「想」繼續對話，或「有能力」、「有時間」繼續對話。如果忽視自己的感受，或因為不想得罪人而勉強自己繼續對話，於人於己都是折磨，畢竟當你心中擔憂的時候，眼神、表情都一定會受到影響，就如同在 Q21 曾提到過的，人有「明星效應」，傾向於將遇到的一切事物歸咎到自己身上。看到你臉色

不好，對方並不會預期你是因為趕時間而變臉，十之八九會推測「他不喜歡我」或「他對我的話題沒興趣」而造成誤會。

體貼對方，則是指結束對話時不僅要顧及自己，也要為對方著想。即使真的非走不可，留下的也要是你最美的背影，以及對方愉悅舒服的心情，避免造成對方負面的感受！關於如何結束對話才不會失禮，你可以參考以下「TVBS」法則：

T：Thanks

首先，感謝對方的分享。對方願意與你交談，表示你在對方心中占有一定的份量，因此，一定要先懷抱感謝之意。

V：Very

接著表達你很開心能夠跟他聊天。情緒是會渲染的，當你表達開心的情緒，並讓對方感受到你的真心時，他也會跟著快樂起來。

B：But

「但是很遺憾的是……」此時誠懇地提供一個「無法拒絕的條件」（參見 Q24），像是「我必須去化妝室」、「我今天還有件事一定得跟○○談一下」、「我有一個電話非接不可」……。

S：Service

最後，可以加上你能提供的「服務」，像是：「剛剛你提到的餐廳地

址，我再傳訊息給你」、「你的問題很好，我需要想一下，之後再回覆你email」。讓對方知道雖然你此時此刻需要結束對話，但只是對「事」不是對「人」──你的離開，僅是現在沒辦法繼續聊天，並未減損他這個人在你心中的重要性。

我有一位政界的朋友，行程總是非常緊湊，有時跑紅白帖時遇到民眾陳情，雖然很想坐下來慢慢聽，但是卻常因為趕場而無法久留，而很多時候也因為為了聽取陳情，而耽誤了下一個行程。後來他聽到這個法則，就將它運用在選民服務當中，也特別告訴我，「TVBS」法則真的幫了他很大的忙！他傾聽時總是全神貫注，並在時間差不多時請幕僚協助提醒，再用此法則照顧對方的感受，並承諾解決問題。後來，儘管他選民服務的時間沒有變長，滿意度卻提升了，不僅不會延誤行程或耗費精力，也讓選民們感受到他的真誠。

分享這個很好用的「TVBS」法則，祝福所有人都能在工作與生活之間取得平衡，不但體貼自己，也讓他人感受到相同的被體貼！

帶領團隊參加社交場合，有什麼該注意的？ Q35

　　《論語》有云，「不在其位、不謀其政」。在企業團隊裡，這已經是專業工作者們的共識：每位成員都有各自的崗位，也各自在執掌的範圍內發揮所長，不僅自己不任意插手別人的工作領域，也恪盡職責，盡可能不讓別人得放下工作來收拾自己造成的殘局。因為大家都知道，老闆有老闆的角色、主管有主管的職責、部屬有部屬的工作，若是公司中有個人（特別是領導者）一發現別人做事無法達到自己的標準，就忍不住插手將事情拿過來做，乍看之下好像幫了忙、救了火，但實際上卻是將練習的機會、進步的資源從其他人身上剝奪掉，不僅人才難以成長，自己疲於奔命，並且也因為跑位而疏漏了原來該做的工作，而大部分時候，原本的工作其實是更為重要的。

　　「不在其位、不謀其政」的觀念，儘管通常在商務場合運行得不錯，在社交場合中卻常被忽略。這是因為在商務場合裡，職責的分配往往是清楚的，並且一旦分配好多半不會頻繁變化；而社交場合則不然：不但

沒有清楚的職責劃分，而每個人在不同場合中扮演的角色，也會依場合性質而千變萬化。如果團隊在出席社交場合之前，沒有經過計畫或討論，就會產生「成員們雖然人到了，卻不知道自己為什麼出席、該負責什麼工作」的狀況，導致雖然事情很多，成員們卻無所適從，而唯一清楚狀況的主事者只好包辦所有事情。以下，都是我曾經目睹的真實情景：

- 一場餐宴中，老闆是唯一準時的人，獨自在包廂裡和對方一群人「尬聊」半小時後，團隊成員才姍姍來遲……
- 在應酬中，老闆忙得團團轉，頻頻起身張羅酒水、招呼客人，而屬下卻在一旁不動如山，甚至讓老闆來服務自己……
- 當廠商、客戶過來敬酒，屬下紛紛推說不會喝，老闆只好硬著頭皮與對方輪番乾杯，而屬下卻在旁邊拍手叫好，最後還自己斟了酒來「敬」老闆……
- 在聚會尾聲，團隊成員們都喝得東倒西歪，老闆是唯一清醒的人，只見他買單、叫計程車，再一一安排大家上車……

　　我們常聽說「將帥無能，累死三軍」，可是相反地，團隊不給力，也會讓老闆不只顏面無光，更累得氣喘吁吁！然而，團隊之所以不給力，其實不是成員們想偷懶，或是老闆的領導有問題，而是因為缺乏溝通與共識。而人在不清楚狀況、不知道自己的職責時，自然就會選擇最安全的：「什麼也不做」。好消息是，只要透過適當的導引，就可以有效減少這些狀況的發生。

對焦目的、分派任務

　　出席社交場合前，一定要在內部先行對焦此次社交的目的。是放鬆享受就好，還是有特定的任務要完成？是希望團隊與對方之間的關係，能夠不只是生意往來的廠商，更成為長期的朋友、相互信賴的夥伴嗎？這次任務，是要在短期內拿到訂單，還是為明年的案子先暖身？場合中有沒有哪幾位關鍵人物，雖無實權卻有重大影響力，你希望與他建立關係，讓他在未來案子推進的過程中，不要成為阻力？

　　領導者需要很明確地讓參與者知道：為了達成這次的目的，需要什麼樣的支援，並確實地分派任務與角色給參與者。千萬不要領導者胸中懷著重責大任，其他人卻只抱著去玩玩的心態，甚至覺得「自己只是來湊數的」。若如此，領導者獨撐全場下來，往往精疲力盡；再者，其他人因為未被賦予到任務，往往看不到自己的價值，而認為只是被老闆叫去陪吃飯而已。

　　即便你在評估狀況之後，判斷自己真的得撐起大樑，那也得是出自有意識的主動選擇，而其他人雖然不用跟對方過招，仍需在旁搖旗吶喊、壯大聲勢；而不是在沒有選擇或缺乏計畫之下，雖然帶著千軍萬馬，卻只能單兵作戰。

穿著模式不要太刻意

　　至於團隊出席社交場合，需不需要運用 Q32 提到的「共同元素」穿出整體感？答案是：Yes but No，因為社交場合到底是放鬆的交流時光，若團隊出席時，其共同元素過於強烈，看起來像「軍隊」一樣，對方當然

就會感受到你們有備而來的企圖，進而升起防備之心。

　　然而，團隊站在一起時，穿著當然也不能相差太多。較好的穿著策略是：穿著既要有共同元素，又不能讓人一眼就看得出來。因此，建議你避免運用明顯的共同元素，改以隱微的共同元素，例如正式度（如商務午餐中，大家都穿商務便服）或質感（遊艇派對中，大家都穿質感好的休閒服）等。

角色與任務分配

　　戲劇與人生的共同道理是——演什麼，就要像什麼。身為領導者，請記得：把你自己做小了，就是把公司做小了，把團隊做小了。儘管平日相處時，你認為團隊的事就是大家的事，不會因為自己是領導者，就不願去做諸如叫計程車、按電梯、提重物等「瑣事」；你仍需認清事實：這些瑣事私下做無妨，但只要團隊出了門，瑣事不僅不該是你的事，也不能是你的事。畢竟，將領就該有將領的氣勢，士官就該做士官做的事，小兵就該盡小兵的職責，這樣團隊看起來才會像團隊！**如果你明明是將領，卻身先士卒地把官兵的事搶來做，那不僅會讓你的官兵看起來欠缺訓練，也顯示出你的領導無方。**

　　而為了避免此窘境，平時就要讓團隊彼此之間養成「將／官／兵」的默契。到底什麼是「將／官／兵」？各自又有什麼任務？以下就以「公司團隊一起去和客戶應酬」這件事為例，一一說明：

角色：將

任務：鎮住場面

　　「將」通常由團隊中最大的領導者來擔任，例如 CEO、創辦人、董事長……最重要的任務在於「鎮住場面」。有他出動，就像請到了「神主牌」，讓對方覺得面子十足，而在必要時，他的三言兩語也能起關鍵作用。所以團隊一定要把「將」伺候得好好的，讓「將」可以專注於與重要人士相處，而不必為瑣事煩心——例如炒氣氛、乾杯划拳等工作，就不該落在「將」的頭上。雖然一般而言，一位「將」為了表示歡迎或感謝，會在聚會開始時對所有賓客敬酒致意，但除非他本身很享受飲酒的樂趣，否則通常是淺嘗即止，不太拚酒的。此外，他也是全場中唯一有資格遲到早退的人，千萬不能「將」先抵達，其他人遲到；或是與會者紛紛提早告辭，留下「將」獨撐全局。

角色：官

任務：氣氛引導

　　「官」的任務很多元：要點菜、要招呼客人、要引導話題、要轉移不適當的話題、要勸酒、要喝酒、要為「將」擋酒……等，不勝枚舉。基本上任何與「娛樂」，與「氣氛」相關的事，與進入「正題」的引導，都屬於「官」的管轄範圍。此職通常由團隊裡的第二人擔任，例如董事長跟總經理一起和客戶吃飯，此時董事長是「將」，總經理就是「官」；但若總經理帶著行銷部經理去吃飯，這時總經理就是「將」，「官」的角色就輪到行銷部經理來做了。

「官」是一場餐宴的靈魂人物，工作是散發魅力，掌握全局，讓這場餐宴有趣好玩、引人入勝，並讓話題的「流」水到渠成。其工作絕非張羅茶水瑣事——那是我們接下來要談的，「兵」的工作。

角色：兵
任務：順暢流程

「兵」的職責在於使所有瑣碎的流程順暢，例如請侍者添茶水、照顧上菜節奏，如果餐桌上有大份且取用不易的餐點（如烤全雞、佛跳牆），也需要由「兵」來為大家分菜、布菜，或是由「兵」請侍者來處理。當然，身為「兵」絕對不能喝醉，不僅因為他得負責結帳——儘管實際出錢的人可能是「將」，還是得由「兵」來處理帳務——更因為他需要在餐宴結束後，為大家安排交通。

領導者 Notes｜左右全局的「助攻」角色

有時候，餐宴中若能有一位「助攻」角色，往往能發揮意想不到的功用。好的助攻，雖然看起來並非「檯面上」的角色，卻有機會成為隱形的推手，他適時的幾句美言，往往能對任務的成敗產生臨門一腳的影響。

在電影中，常看到這樣的橋段：當主角正為了某件事情猶豫不決時，導演往往會在主角身邊安排某個角色，讓他突然冒出一句關鍵話語。說者無心，聽者有意，這句話總是能點醒主角，讓他決定採取行動——社交場合裡的「助攻」就

是如此：在對話之間，看似不經意地插入一句關鍵話語，而這句話也就此鑽進了聽者的潛意識中，進而影響其決定。

助攻要成功的關鍵在於：在主角「不在場」的時候進行。因為對於別人在背後說的話，人們總是不自覺地容易相信，例如一場飯局上，當主角暫離去化妝室時，就是助攻的好時機。

此外，助攻的方式不只限於說主角的好話，更可以「打預防針」，把對方的缺點轉化為優點，像是：「他是一個很熱心的人，有時候熱心到讓人覺得有點囉嗦，不過這都是因為他真心要你好，最後你會很感謝他的！」或是，「你看他好像不太會講話、不太會銷售，那是因為他真的很腳踏實地，我從來沒有見過像他這麼古意的老實人。」

「助攻」也不見得一定要由「參與此場合的人」來進行，亦可以透過未到場，但雙方共同認識的第三人——只要事先打通電話，就可以達到助攻的效果。並且，也不要以為非得是很有影響力的大人物，才有本事助攻，有時候小人物也能起關鍵作用！不妨想像一下，當你不在的時候，若對方詢問你的員工：「工作多久了？還喜歡這份工作嗎？」你員工的回答會是「助攻」嗎？其回答又會如何影響對方對貴公司的觀感呢？

我們常說，要了解一個人，不能光看他在檯面上的表現，更要看他在檯面下的表現。例如，即使一個人外表穿得光鮮亮麗，並不代表此人就一

定很愛美，但是若他連平日不會被看到的腳趾甲都修得無可挑剔，那此人不僅是重視外表，更是個打從心底愛美之人。企業也是如此：**在正式商務場合中，我們可以看到一個團隊的紀律與訓練成果，然而真正深入的企業文化，往往要到社交場合中才能略窺一斑。**

文化的養成需要時間，也需要刻意為之，如果不能在一開始就招募進有此思維的人才，最有效的方式就是透過扎實的教育訓練，迅速建立起公司內部的默契。不妨將這篇文章做為你訓練團隊的基礎：讓所有人心中都明瞭「將」、「官」、「兵」的概念，也熟悉各角色的職掌範圍。如此，未來面對社交場合，就可以快速分派任務，即便到場後狀況有變，也能迅速轉換角色、進而達成目標。

後記

魅力航行至此,旅程已近尾聲。我們一起經歷了領導者的管理日常;品味了領導者在不同角色間的切換;談論了領導者在公眾溝通時的方方面面;體會了領導者置身社交場合時,會遇到的種種狀況。而你會發現:所有的決定與策略,歸根究柢,都是以「導演」的角度出發。

在這一段魅力航線中,雖然我們已並肩探討過 35 個形象策略,但我相信世界瞬息萬變,你將來一定會面對更多未知的島嶼、嶄新的挑戰。然而,我對此並不擔心,因為開始學習魅力之後,你已經不再是一開始的那個你了,現在,無論遇到什麼樣的場合、什麼樣的狀況,你都能以更高的格局俯瞰事件的全貌。而最後你也將豁然開朗:原來,我們到海上走一遭,並不是為了找尋魅力的祕寶,而是為了把那個本然、自然、怡然的自己找回來。

讀到這裡,我想請你掩卷,起身,行動。實際把所知所學應用在自己每一天生活中,甚至試著教導、帶領周遭的人一起做。一段時間後,再回來重新翻閱,你會發現,當自己的歷練不同、眼界不同之後,所能看見的風景也將煥然一新。

大船,即將入港。並且,即將再度滿帆出航。

祝福你!在海洋的那一端,很快再見!

致謝

　　首先，感謝我的家人，總是給我不變的愛與支持，你們的愛是我最大的動力。謝謝商周.com〈好形象卿鬆學〉編輯團隊歷年來對專欄的精心灌溉，這些點滴累積，構成了此書的基礎。謝謝商周執行長郭奕伶邀我寫作此書，這份浩大的工作，若少了你訂下的目標，恐怕不會這麼快完成。謝謝商周編輯團隊——幸娟與郡怡的慧眼細心，你們不僅從一開始就看出本書的潛力，既給予我們企劃的指引，督促我們的筆耕節奏，更對書稿視如己出，謝謝你們堅持到底的匠人精神。感謝我的同事心怡總是旁徵博引，並提出堅定而誠實的看法。你讓這本書的論述變得更加豐富而幽默，而與你在辦公室中熱烈辯論，進而凝聚出更精鍊的觀點，是我十分珍愛的工作時光。謝謝學院姊妹們在此書寫作過程中，義不容辭地分擔起日常工作，讓我們得以全力以赴。感謝我的學員們，你們慷慨地分享自己的真實故事，賦予了此書生命。

魅力領導學：

CEO 魅力教練解析領導者的 35 個形象策略題

作者	陳麗卿
商周集團執行長	郭奕伶
視覺顧問	陳栩椿
商業周刊出版部	
總編輯	余幸娟
責任編輯	黃郡怡
封面設計	Javick studio
內文排版	洪玉玲
出版發行	城邦文化事業股份有限公司 商業周刊
地址	115020 台北市南港區昆陽街 16 號 6 樓
	電話：(02)2505-6789　傳真：(02)2503-6399
讀者服務專線	(02)2510-8888
商周集團網站服務信箱	mailbox@bwnet.com.tw
劃撥帳號	50003033
戶名	英屬蓋曼群島商家庭傳媒股份有限公司城邦分公司
網站	www.businessweekly.com.tw
香港發行所	城邦（香港）出版集團有限公司
	香港灣仔駱克道 193 號東超商業中心 1 樓
	電話：(852) 2508-6231　傳真：(852) 2578-9337
	E-mail：hkcite@biznetvigator.com
製版印刷	中原造像股份有限公司
總經銷	聯合發行股份有限公司 電話：(02) 2917-8022
初版 1 刷	2021 年 6 月
初版 5 刷	2024 年 4 月
定價	450 元
ISBN	978-986-5519-47-6(平裝)

國家圖書館出版品預行編目 (CIP) 資料

魅力領導學：CEO 魅力教練解析領導者的 35 個形象策略題／
陳麗卿著 . -- 初版 . -- 臺北市：城邦文化事業股份有限公司商
業周刊 , 2021.06
320 面 ; 17*23 公分

ISBN 978-986-5519-47-6(平裝)

1. 職場成功法 2. 企業領導 3. 領導者

494.35   110005172

藍學堂

學習・奇趣・輕鬆讀